蔬菜产业精品教材

蔬菜高质高效栽培与病虫害绿色防控

徐钦军　张珊珊　纪卫华　徐成斌　主编

中国农业科学技术出版社

图书在版编目（CIP）数据

蔬菜高质高效栽培与病虫害绿色防控 / 徐钦军等主编．--北京：中国农业科学技术出版社，2022.6

ISBN 978-7-5116-5760-2

Ⅰ.①蔬…　Ⅱ.①徐…　Ⅲ.①蔬菜园艺②蔬菜-病虫害防治　Ⅳ.①S63②S436.3

中国版本图书馆 CIP 数据核字（2022）第 076747 号

责任编辑　白姗姗
责任校对　马广洋
责任印制　姜义伟　王思文

出 版 者　中国农业科学技术出版社
　　　　　北京市中关村南大街 12 号　邮编：100081
电　　话　(010)82106638(编辑室)　(010)82109702(发行部)
　　　　　(010)82109709(读者服务部)
传　　真　(010)82106638
网　　址　http://www.castp.cn
经 销 者　各地新华书店
印 刷 者　北京富泰印刷有限责任公司
开　　本　140 mm×203 mm　1/32
印　　张　5.75
字　　数　145 千字
版　　次　2022 年 6 月第 1 版　2022 年 6 月第 1 次印刷
定　　价　39.80 元

《蔬菜高质高效栽培与病虫害绿色防控》

编　委　会

主　编　徐钦军　张珊珊　纪卫华　徐成斌

副主编　缪学田　范以香　律　涛　李占环
　　　　　李奉朝　刘景林　李玉杰　衣浩岩
　　　　　刘一寰　吴汉华　贾方华

编　委　詹　阳　马　霞　徐　峰

前　言

蔬菜产业是农村经济发展的支柱产业，也是关系老百姓餐桌食品安全的民生产业。产出高效、产品安全、资源节约、环境友好是蔬菜产业可持续发展的必由之路。绿色蔬菜是绿色食品的重要组成部分之一，在绿色食品中占有重要的份额。绿色蔬菜自上市以来，得到了广大消费者的认可和支持。

本书主要内容包括蔬菜高质高效栽培技术、瓜类蔬菜高质高效栽培、茄果类蔬菜高质高效栽培、豆类蔬菜高质高效栽培、白菜类蔬菜高质高效栽培、葱姜蒜类蔬菜高质高效栽培、叶菜类蔬菜高质高效栽培、根茎类蔬菜高质高效栽培、薯芋类蔬菜高质高效栽培，以及各类蔬菜病虫害绿色防控等。

本书适合农技推广人员、生产一线技术人员、蔬菜种植户阅读参考。

编　者

2022 年 3 月

目　录

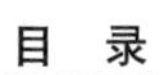

第一章　蔬菜高质高效栽培技术

第一节　水肥一体化技术

水肥一体化技术是水和肥同步供应的一项农业应用技术。它是根据土壤养分含量和作物种类的需肥特点及规律，以及作物根系可耐受肥料浓度，将可溶性固体或液体肥料稀释配成肥液，借助压力系统，与水一起灌溉，均匀、定时、定量输送到作物根系的技术。

一、优点

一是节水节肥，提高水肥利用率。人为控制灌水量，避免了水肥向土壤深层渗漏造成的淋失，比大水漫灌节水70%以上，比传统沟灌节水40%~60%，节约各种肥料20%~40%。

二是降低室内湿度，减轻病虫害发生。水肥一体化能大大降低空气湿度和土壤湿度，减少了枯萎病、疫病等一些土传病害的随水传播和蔓延。

三是改善和保持良好的土壤物理性状，克服传统沟灌造成的土壤板结，保持良好的土壤团粒结构和通透性，使土壤疏松，有利于蔬菜根系的生长发育和对水分、养分的吸收。植株健壮、生长快、发育早、坐果率高，比沟灌增产20%~30%。

二、技术要领

（一）水源、水质

用井水或蓄水池储水，水源要充足，水质洁净，无色无味，水温变化幅度小，不受环境污染，符合灌溉标准。沙地地下水一定要进行过滤。

（二）滴灌系统

由水源、首部枢纽、输水管和滴灌带四部分组成。首部枢纽包括水泵、施肥器、过滤器、各种控制量测设备等，其中，过滤器是滴灌设备的关键部件之一，内管网入口处安装控制阀、过滤器。输水管采用直径 50~60 毫米防老化炭黑 PE 管，滴灌带选用直径 20~25 毫米内镶式滴灌管。

（三）系统布设

输水管顺温室后墙沿东西向铺设，南北向起垄定植作物，垄与走道垂直。单管铺设垄宽 50 厘米，双管则为 60~70 厘米，垄高 10~15 厘米，做成中间低、两边高的“凹”字形垄。滴灌带顺垄铺设，长度同垄长，末端封堵，最后垄上覆盖地膜。输水管与滴灌带垂直对接，用旁通连接。作物幼苗在垄上滴灌带两旁定植，窄行距 40~50 厘米。

（四）连接滴管

在主管上扎眼后，将支管前端的螺丝头用力嵌入主管内，然后拧紧螺丝，另一头对折 4 次后装入 6 厘米长支管内堵水，支管的总长度要比种植面长 15 厘米。用双管时主管与主管之间用“工”字形三通相连，两端要分设灌水阀门。

（五）肥料选择

选液态或固态肥料，如尿素、硫铵、硝铵、磷酸二铵、硫酸钾、硝酸钾、硝酸钙、硫酸镁等肥料。固态以粉状或小块状为首选，要求水溶性强，含杂质少，一般不用颗粒状复合肥。

如用沼液或腐殖酸液肥，必须过滤，以免堵塞管道。

（六）灌溉施肥

施肥前用清水湿润管网，采用文丘里施肥器施肥，施用液态肥料提前进行稀释，混合均匀后，倒入施肥罐内，调整阀门控制肥料浓度。固态肥料需要与水混合搅拌成肥液，进行多次过滤及分离，避免出现沉淀，堵塞滴灌管。施肥时要掌握肥料用量，注入肥液的适宜浓度大约为灌溉流量的0.1%，例如灌溉量为50 米^3/亩（1 亩～667 米^2），注入肥液大约为50 升/亩。施肥后再用清水清洗灌溉系统，防止肥料沉淀堵塞。

第二节　绿色防控技术

一、太阳能杀虫灯

太阳能杀虫灯是利用太阳能电池板为电源，白天将电贮存起来，晚上放电诱杀害虫。

（一）杀虫原理

杀虫灯利用害虫较强的趋光、趋波的特性，引诱害虫扑灯，从而通过设置在灯周围的直流高压电网将其击杀，具有节能环保、安全有效、简单易用等特点。

（二）安装及调试

太阳能杀虫灯由太阳能电池板、控制器、蓄电池组、水泥基座、安装工具、黑光灯灯壳和灯杆等部件组成。设施使用则置于害虫较密集地块，灯距50～100 米，每盏灯控制面积为15～30 亩。

1. 安装

（1）预埋件用水泥固定，将太阳能电池板固定在立杆上，选好适当角度（垂直于中午时的太阳），拧紧螺栓，固定电池板。

（2）将所有导线从穿线孔穿出，拧紧螺栓，固定电池箱。

（3）立杆固定在底部法兰盘上，灯杆中上部安装紫外线节能灯、杀虫电网、控制系统、启动系统、高频触发器等，电网下安装集虫袋。如种植低矮蔬菜，杀虫灯的安装高度须低于1米，如为棚架蔬菜，杀虫灯的安装高度要在1.0~1.2米，果树类的安装高度须高出树冠0.3米。

（4）先连接杀虫灯线，然后连接电源线，最后安装一个总开关，便于操作。

2. 调试

将太阳能板上的防水插头拔开，等待1分钟，灯点亮，用螺丝刀的金属部分接触任意两根电网，会产生高压放电，之后将太阳能板上的防水插头接上，杀虫灯会自动工作。

（三）合理使用

-20~70℃温度范围都能正常使用，以每天工作8小时计算，晴天一天的储电量可使用4个阴雨天。

一般从5月安装使用，10月中下旬结束使用，每天亮灯时间根据成虫特性、季节变化决定。

使用期间，电网2~3天清扫1次，保证诱杀效果。接虫袋经常检查，有损坏或脱落立即更换，防止无袋开灯造成灯下虫害加重。

（四）注意事项

使用时严格按照使用方法固定，严禁用导电体接触高压网。遇大风、大雨、打雷等恶劣天气不要开灯并关闭总电源，谨防雷击。

太阳能杀虫灯非照明灯，切勿擅自更换使用，但可当路灯使用，接通电瓶电源后，千万不能用手触摸高压电网丝。

电池板接线处有正负极指示，蓝线接正极，黑线接负极，不能接反。

摘灯前，必须先切断电源，放掉余电。用绝缘螺丝刀或绞线钳的金属部分同时接触高压网相邻网丝3秒钟，发出“啪”的声音，余电视为放掉，手持部分必须绝缘，防止触电。

杀虫灯需定期清理高压网上的飞虫，以达到更佳的诱杀效果。

灯下及四周严禁堆放柴草等易燃易爆物品，严禁用导电体接触高压网。

在使用过程中，如发现不能正常使用，及时断电检查维修。

超过两个月不工作需拿到太阳光下充电，及时关掉开关进行检修。蓄电池仓要密封好，以防进水，保持通风、干燥。

二、黄蓝板

黄蓝板是利用昆虫对黄色和蓝色的趋性而制作的粘胶板，用来吸引昆虫，以达到杀死害虫、减轻成虫为害的目的。具有易操作、粘捕率高、捕杀害虫范围广、绿色环保、成本低等特点，是目前设施蔬菜绿色防控的一项重要措施。

（一）防治对象

黄板主要诱杀有翅蚜、斑潜蝇、白粉虱、种蝇等，蓝板诱杀蓟马。

（二）使用方法

1. 挂板时间

在虫害发生早期、虫量发生少时使用，从苗期或定植初期开始使用。

2. 色板选择

种植瓜类、番茄适宜悬挂黄板，种植茄子适宜悬挂蓝板，种植辣（甜）椒时适宜黄板、蓝板搭配使用。

3. 悬挂方法

用细扎丝或吊绳穿过粘虫板的两个悬挂孔，将其垂直悬挂。矮生作物悬挂高度应高于植株顶部30厘米，并随作物的生长高度不断调整粘虫板的高度；吊蔓作物如番茄、黄瓜、豆角等蔬菜，将粘虫板挂在行间，生长前期悬挂高度距离作物顶部15~20厘米，根据作物的生长随时进行调整，生长中后期粘虫板与作物同高。悬挂方向以板面朝南北向为宜，做到均匀分布。

4. 悬挂数量

选择规格为20厘米×18厘米的粘虫板，每亩需挂30~40张。

5. 定期防护

当黄蓝板表面粘的害虫数量较多时，用钢锯条或木竹片及时将虫体刮掉，板上胶不黏时须重新更换。

（三）注意事项

在黄蓝板使用过程中，如发现虫板上害虫密度增加，应及时采取药物或烟雾剂进行综合防治，以防虫害蔓延。

喷施农药应尽量避开粘虫板，不要喷到色板上，以免影响其寿命。

夏秋季节使用黄蓝板，通风口应设置30目防虫网，防止棚外害虫进入棚内。

因黄蓝板诱杀害虫种类不同，使用时可将黄板、蓝板同时搭配使用，并在棚内均匀分布。在正常情况下，因黄板诱杀害虫类别较多，黄板数量可多于蓝板数量。

色板的管理要到位，当被雨水冲刷或粘满虫体或灰尘时，应及时更换新色板或重新涂机油继续使用，把更换掉的旧色板带出棚外集中处理。

色板越大，放置密度可减小，色板越小，放置密度应增大。

三、防虫网

防虫网是由优质聚乙烯为原料，经拉丝织造而成，形似纱窗，具有拉力强度大、抗热、耐水、耐腐蚀、耐老化、无毒无味等特点。覆盖防虫网相当于构建的人工隔离屏障，将害虫阻

止在网外，起到防虫效果，是目前设施蔬菜防治害虫关键技术之一。

（一）使用时间

作物未定植进棚之前，将防虫网覆盖在温室底通风口和顶通风口处，清除所有害虫，做到无虫定植，直到拉秧。

（二）使用方法

1. 合理选择规格

选择防虫网要根据种植作物及害虫种类、生长季节等选择适宜的规格，考虑幅宽、孔径、颜色等因素，尤其应注意孔径。如目数太少，网眼偏大，起不到应有的防虫效果，反之则网眼太小，虽能防虫，但通风不良，导致温度偏高，遮光过多，不利于作物生长。一般宜选用25~40目。

2. 合理选用防虫网颜色

春秋季温度较低，光照较弱，选用白色防虫网；夏季兼顾遮阳、降温，宜选用黑色或银灰色防虫网；在蚜虫和病毒病发生严重的区域，为了驱避蚜虫，预防病毒病，宜选用银灰色防虫网。

3. 防虫网的设置

通风口处设置防虫网时，将防虫网拉平、绷紧并固定在棚室骨架上，防止中途脱落或被大风吹开，防虫网与棚膜相互搭茬交接20厘米左右。在温室前底角通风口处设置防虫网时，防虫网与地面接触处要用土压严压实。

（三）注意事项

覆盖防虫网前，须对温室土壤、拱架、棚膜等进行灭虫处理，棚室周围进行化学除草，以阻断害虫传播途径，确保防虫网覆盖栽培能达到良好效果。

盖网时四周一定要固定严实，与棚膜间不能留有缝隙，以免害虫进出。随时检查防虫网破损情况并及时修复。

防虫网在作物生长期必须全程覆盖，不给害虫入侵机会。

夏秋季使用白色防虫网时，棚室内气温、地温较高，防止烧苗。

防虫网田间使用结束后，应及时收压、洗净、吹干、卷好，妥善保管，多茬使用。再次使用时必须检查破损情况，及时堵住漏洞和缝隙。

第三节　覆盖栽培技术

一、地膜覆盖栽培

（一）地膜覆盖的特点

地膜覆盖栽培不能简单地看作是一般露地加上一张地膜，更不能看成是“放任栽培”或“懒汉种田”。它是一项综合性的新型早熟高产栽培技术，具有以下几个特点。

（1）要在地面铺盖一张地膜，地膜的厚度为普通农用膜的1/8~1/6，膜要紧贴地面，然后打孔种植。因此，对土壤耕作及种植方法上有特殊的要求，作畦以高厢、窄畦为佳。

（2）由于在地面覆盖的地膜很薄，且要在农作物整个生长期中保持完好，因此，铺膜质量的好坏是地膜覆盖栽培成败的关键。

（3）在作物生长期中，一般不追肥或少追肥，因此，肥料应一次性施入，即在整地作畦时分层施下大部分或全部肥料。地膜覆盖栽培对肥料的种类、施用数量以及施用方法上都有不同的要求。

（4）地膜覆盖栽培时，中耕、除草、施肥以及浇水可以减少或省去。地膜覆盖栽培的作物生长中后期追肥和灌水次数、数量和方法，与露地栽培和塑料大、小棚覆盖栽培所要求不同。

（5）作物采收结束后，应及时清除田间废旧地膜。

在进行地膜覆盖栽培时，一定要了解上述这些特点，才能熟练地掌握好地膜覆盖栽培技术。

（二）常见的地膜覆盖方式

地膜覆盖的方式因自然条件、作物种类、生产季节及栽培习惯不同而异。

（1）平畦覆盖。畦面平，有畦埂，畦宽1~1.65米，畦长依地块而定。播种或定植前将地膜平铺畦面，四周用土压紧。平畦覆盖地膜便于浇水，但浇水易造成淤泥溅到畦面。覆盖初期有增温作用，随着淤泥污染的加重，到后期又有降温作用。一般多用于北方种植葱、大蒜等蔬菜，小麦、棉花等农作物及果树苗扦插时也可采用。

（2）高垄覆盖。畦面呈垄状，垄底宽50~85厘米，垄面宽30~50厘米，垄高10~15厘米，垄距50~70厘米。地膜覆盖于垄面上。每垄种植单行或双行的甘蓝、莴笋、甜椒、花椰菜等。高垄覆盖受光较好，地温容易升高，也便于浇水。但旱区垄高不宜超过10厘米。

（3）高畦覆盖。畦面为平顶，高出地平面10~15厘米，畦宽1~1.65米。地膜平铺在高畦的面上。一般用于多雨地区种植高秧的蔬菜，如瓜类、豆类、茄果类以及粮食、棉花作物。高畦覆盖增温效果较好，但畦中心易发生干旱。

（4）沟畦覆盖。将畦做成50厘米左右宽的沟，沟深15~20厘米，把育成的苗定植在沟内，然后在沟上覆盖地膜，当幼苗生长顶着地膜时，在苗的顶部将地膜割成“十”字，称为割口放风。晚霜过后，苗自破口处向膜外生长，待苗长高时再把地膜划破，使苗落地，地膜仅覆盖于根部，即俗称的“先盖天，后盖地”。沟畦覆盖栽培可提早定植7~10天，既可保护幼苗不受晚霜危害，又起到护根的作用，从而达到早熟、增产增收笋、菜豆、甜椒、番茄、黄瓜等蔬菜的效果。早春可提早定植甘蓝、花椰菜、莴笋等作物。一般多用于缺水地区。

二、遮阳网覆盖栽培

遮阳网覆盖栽培具有遮光、调温、保墒、防暴雨、防大风、防过速冻融、防病虫鼠鸟害等多种作用。遮阳网覆盖栽培与露地栽培相比，平均亩产量、亩产值、亩纯收入分别增长26%、34%、38%；每茬可少喷一两次农药，节省开支16~32元；十字花科蔬菜育苗，省种30%，秧苗成苗率提高20%~60%；与传统的芦帘覆盖栽培比较，每亩省工8个；覆盖成本每亩降低450元，节约成本75%。遮阳网有75%和45%两种遮光率，高遮光率的只适宜于花卉和耐阴蔬菜上使用，一般蔬菜生产普遍用45%遮阳网。

（一）遮阳网的主要功用

（1）降低畦面气温及土温，改善田间小气候。遮阳网能降低畦面气温及土温，营造一个适合蔬菜生长的小气候环境。据试验，高温季节可降低畦面温度4~5℃，最大降温幅度为9~12℃。

（2）改善土壤理化性质。遮阳网能保持土壤良好的团粒结构和通透性，增加土壤氧气含量，有利于根系的深扎和生长，促进地上部植株生长，达到增产目的，亦可促进雨天直播或使育苗的种子出土良好。

（3）遮挡雨水。遮阳网能防止暴雨直接冲刷畦面，减少水土流失，保护植株叶片完整，提高商品率和商品性状。试验表明，采用遮阳网覆盖后，暴雨冲击力比露地栽培减弱98%。

（4）减少土壤水分蒸发，保持土壤湿润，防止畦面板结。据调查，覆盖遮阳网后，土壤水分蒸发量比露地栽培减少60%以上。

（5）保温、抗寒、防霜冻。晚秋、冬季、早春使用遮阳网覆盖，可起到抵御寒害和霜冻的效果，棚内气温比棚外提高1~2.8℃。

（6）避害虫、防病害。据调查，遮阳网避蚜效果达88.8%~100%，对菜心病毒病防效为89.8%~95.5%，并能抑制多种蔬菜病害的发生和扩散。

（7）其他功用。遮阳网覆盖还能提早播种，使蔬菜提前上市；提高出芽率和成活率30%~50%；减少淋水次数，节约用水，节省用工。此外，遮阳网使用寿命长，比覆盖稻草成本降低50%~70%，省工25%~50%，遮阳网体积小，贮运方便，操作简单，适合菜农使用。

（二）遮阳网的选用方法

遮阳网覆盖的时间长短视作物种类、天气和栽培季节而定，一般高温干旱、光照强时，覆盖时间可长些，阴天、天气转凉、光照时间少，则覆盖时间可短些。如秋季天气已转凉，芥蓝、芥菜、芫荽、生菜等一般覆盖15~20天。

在进行遮阳网覆盖栽培时，为了充分发挥遮阳网的遮光、降温和防暴雨作用，应采取相应的栽培管理措施。揭盖遮阳网应根据天气情况及蔬菜对光照强度、温度的要求灵活把握。一般应做到晴天盖，阴天揭；大雨盖，小雨揭；晴天中午盖，早晚揭；前期盖，后期揭。芥蓝、芥菜、芫荽、生菜在夏季进行反季节栽培时可进行全生育期覆盖。由于覆盖后创造了一个较适合蔬菜生长的小气候环境，植株生长速度会明显加快，对水肥要求也比非覆盖时要高，同时病害也较多，因此，须加强水肥管理和病虫害防治工作，切不可因覆盖而轻管理。

（1）芹菜、芫荽以及葱蒜类等喜冷凉，夏秋季栽培中、弱光性蔬菜，多选用SZW-12、SZW-14等遮光率较高的黑色遮阳网覆盖。

（2）番茄、黄瓜、茄子、辣椒等喜温，中、强光性蔬菜夏秋季生产，根据光照强度选用银灰网或黑色SWZ-10等遮光率较低的黑色遮阳网；避蚜、防病毒性疾病，最好选用SZW-12、SZW-14等银灰网或黑灰配色遮阳网覆盖。

（3）菠菜、莴笋、塌菜等耐寒、半耐寒叶菜冬季覆盖，选用银灰色遮阳网有利于保温、防霜冻。

（4）夏秋季育苗或缓苗短期覆盖，多选用黑色遮阳网覆盖。为防病毒性疾病，亦可选用银灰网或黑灰配色遮阳网覆盖。

（5）全天候覆盖的，宜选用遮光率低于40%的网或黑灰配色网；也可选用SZW-12、SZW-14等遮光率较高的遮阳网，单幅间距30~50厘米覆盖，亦可搭设窄幅小平棚覆盖。

（三）遮阳网的覆盖方式

遮阳网的覆盖方式主要有平棚覆盖、大（中）棚覆盖、小拱棚覆盖及浮面覆盖。

（1）平棚覆盖。用角铁、木桩或石柱搭平棚架，上用小竹竿、绳子或铁丝固定遮阳网。架高、畦宽不一。因有一定高度，早、晚阳光可直射畦面，有利于蔬菜进行光合作用，防止徒长，亦可遮强光、防暴雨，多为全天候覆盖，可节省用工。常用的是小平棚及大平棚两种，而以小平棚的覆盖成本低、易操作、效果好，最受菜农欢迎。小平棚用竹篱搭成简易立架，高度距地面0.8~1米，宽1.2~1.5米，既稳固，又方便拆除。

（2）大（中）棚覆盖。利用大（中）棚架进行遮阳网覆盖，又分4种：①棚顶固定式覆盖。遮阳网直接盖在棚顶上，网两侧离地1.6~1.8米，中午遮强光，早、晚见光，此法可便于经常性揭盖管理。②棚顶活动式覆盖。棚膜上盖遮阳网，网一侧用卡槽固定，另一侧系绳子，视天气情况揭盖。此法省工、省时，可遮阳、避雨，主要用于育苗、制种和留种，降温效果好。③棚内悬挂式覆盖。利用大（中）棚架，在棚内离地1.2~1.4米处将遮阳网悬挂于畦面上，主要用于芹菜、花椰菜等育苗及栽培，此法通风效果好，不需每天揭盖。④棚内二道幕覆盖。即在棚肩上拉一道遮阳网帘，主要用于蔬菜育苗和栽培。

（3）小拱棚覆盖。利用小拱棚的棚架，或临时用竹片（竹

竿）做拱架，上用遮阳网全封闭或半封闭覆盖。一般用于芹菜、甘蓝、花椰菜等出苗后防暴雨遮强光培育壮苗或小青菜类以及茄果、瓜类蔬菜栽培等。

（4）浮面覆盖。又称畦面覆盖，即将遮阳网直接盖在畦面上，主要用于播种出苗和大田直播蔬菜。

（四）遮阳网的覆盖栽培类型及技术要点

1. 夏秋菜高温期育苗

（1）覆盖方法。大（中）棚上黑色遮阳网和薄膜结合覆盖，盖顶不盖边，膜防雨，网遮阳，降温效果好，一般 6 米跨度的棚架，需用幅宽 6 米的遮阳网直接覆盖，压膜线固定。

（2）管理技术。在 30~35℃的晴天，9 时盖，16 时揭；气温高于 35℃时，8 时盖，17 时揭。晴天盖，阴天揭；播种至齐苗、移苗至成活连续盖；齐苗和活棵后视天气情况或揭或盖。

（3）配套农艺。一是减少播种量 30%左右；二是减少浇水次数；三是深沟高畦，沟渠配套，能排能灌，防止雨涝渍害。其他育苗技术常规处理。

2. 伏菜栽培

播种至齐苗多采用全天候浮面覆盖，网上淋水。3~5 天后，用棚架支起做小拱棚或用木桩支起做平棚覆盖，或利用大（中）棚架覆盖栽培。晴天上午阳光强烈时盖，下午阳光较弱时揭，阴天不盖网；暴雨前盖，雨后揭；为节省用工，可采用高桩平棚全天候覆盖；采收前 5~7 天揭。

3. 春菜提前栽培，秋菜延后栽培

视覆盖蔬菜的高矮或用平棚、大（中）棚、小拱棚及浮面覆盖均可，方法及管理技术同前。

三、防虫网覆盖栽培

防虫网覆盖栽培是除地膜覆盖、遮阳网覆盖外的又一无公害栽培新技术，通过构建人工隔离屏障，将害虫“拒之门外”。

采用这一技术在夏秋季栽培叶菜类蔬菜，完全可以实现在其生育期内不喷施杀虫剂的目的，因此，在一些发达国家被广泛应用。

（一）蔬菜防虫网的技术原理

防虫网是一种以添加防老化、抗紫外线等化学助剂的优质聚乙烯为原料，经拉丝制造而成，具有抗拉强度大、耐热、耐水、耐腐蚀、耐老化，无毒无味、废弃物易处理等优点。以防虫网构建的人工隔离屏障，可将害虫阻挡在网外，造成害虫视觉错乱，改变害虫行为，从而达到防虫的效果。防虫网技术是简便、有效、先进的环保型农业新技术，是无公害蔬菜生产的首选技术。

（二）防虫网的类型

目前生产上应用的主要有 3 种防虫网，可以满足不同蔬菜品种对光照的要求和驱避害虫的需要。①银灰色或铝箔条防虫网，避蚜效果好，且可降低棚内温度；②白色防虫网，透光率较银灰色好，使用较普遍，但夏季棚内温度略高于露地，适用于大多数喜光蔬菜的栽培；③黑色防虫网，遮阳、降温效果好。目前市面上常见的防虫网，宽幅一般为 1～2. 4 米，可根据实际情况选择。目数代表防虫网孔径大小，目数过小，网眼大，起不到应有的防虫效果，目数过大，网眼小，会增加棚内温度及生产成本。夏秋大棚以覆盖 18～25 目的银灰色防虫网最为适宜，可阻隔成虫进入网内。

（三）防虫网的应用范围

（1）叶菜类。小白菜、夏大白菜、早豌豆苗、早菠菜的生产周期短，露地栽培害虫多，农药污染重，采用防虫网覆盖后，整个生长期不需要喷洒农药。

（2）茄果类、瓜类。应用防虫网覆盖栽培秋青椒、秋番茄、秋西瓜，可控制抗性害虫为害，抑制病毒病发生。

（3）秋菜育苗。秋花椰菜、秋甘蓝育苗季常受高温、暴雨、害虫影响，应用防虫网覆盖，可提高出苗率和成苗率，减少农药的使用。

（四）防虫网的覆盖形式

（1）大棚覆盖。即利用已有的大棚覆盖防虫网，实行全封闭覆盖，又可分为单个大棚覆盖和2~4个大棚连续覆盖。四周用土或砖压严压实，留正门揭盖，方便出入。

（2）浮面覆盖。即在夏秋菜播种或定植后，把防虫网直接覆盖在畦面或作物上，待齐苗或定植苗移栽成活后揭除。如果在防虫网内增覆地膜，并在防虫网上增覆两层遮阳网，防虫、抵御突发性自然灾害的效果更佳。

（3）小拱棚覆盖。以钢筋或竹片制成拱棚架于大田畦面，拱棚上方全封闭覆盖遮阳网，四周压实，覆盖前进行除草和土壤消毒。小拱棚的高度、宽度根据蔬菜的种类、畦面的大小而异。通常棚宽不超过2米，棚高为40~60厘米。这种方法特别适合在没有钢管大棚的地区推广。

（4）立柱式平顶覆盖。将3~5亩的一块田，以水泥杆为支柱，全部用防虫网覆盖起来。

（五）防虫网的使用技术要点

（1）实行全程覆盖。防虫网遮光不多，应全程覆盖。一般风力不用压网线，如遇五六级大风，需拉上压网线，防止被风吹开。

（2）覆盖前进行土壤消毒和化学除草，这是防虫网覆盖栽培的重要配套措施。一定要杀死残留在土壤中的病菌和害虫，阻断害虫传播的途径。播种前对土壤进行处理防治地下害虫，每亩用40%辛硫磷乳油1 000倍液对土表喷雾，施药后浅翻盖土以防药物光解；防治土传病害，可用99%噁霉灵可溶性粉剂3 000倍液或80%多福锌可湿性粉剂600~800倍液对土表喷雾。

（3）夏季控湿排水。如果整个生育期使用防虫网覆盖，夏季网棚内高温、高湿，在地下水位较高、雨水较多的地区，应采用深沟高厢栽培，以利于排灌，并保持适当的湿度，夏天浇水应在太阳升起前或落山后，浇水时要注意控湿，否则易诱发烂菜。但在气温特别高时，适当增加浇水次数，以湿降温。

（4）进出大棚时要将棚门关闭严密，防止害虫特别是蚜虫乘虚而入，传播病毒病。在进行农事操作（如嫁接、整枝、摘心）时，应事先对有关器物进行消毒，防止病菌从伤口侵入，确保防虫网的使用效果。

第二章　瓜类蔬菜高质高效栽培与病虫害绿色防控

第一节　黄　瓜

一、露地栽培

（一）播种育苗

早熟栽培采取温床穴盘育苗或营养钵育苗。营养土用堆肥5份+稻田土5份+过磷酸钙0.3%~0.5%与适量草木灰混匀配制而成。亩用种量100克。播种后覆盖石谷子或基质，浇透底水。覆盖地膜和搭建小拱棚（早熟栽培）或遮阳网（夏秋栽培）。加强苗期管理，防治苗期病害，培育壮苗。

（二）整地施肥

黄瓜忌连作。定植前7~10天，亩施商品有机肥100千克和氮磷钾各15%的复合肥100千克作基肥。按1.33米开厢，深沟高畦整地盖膜。早熟栽培土温稳定在12℃以上定植，注意保温防寒。夏、秋黄瓜栽培要求土层深厚，靠近水源，能排能灌，阴天或晴天傍晚定植，覆盖遮阳网降温、保湿。

（三）定植

每厢种2行，株距33厘米，每亩定植3 000~4 000株，浇足定根水。

（四）田间管理

（1）抽蔓前的管理。早熟栽培缓苗期盖严棚膜，瓜苗成活后补充淡粪水，进行通风锻炼；夏、秋黄瓜要中耕、抗旱、排涝，覆盖遮阳网。

（2）搭架，绑蔓。每窝插一竹竿，竹竿上部交叉，呈“人”字形，插竿后绑第一次蔓，以后每生长3~4节绑蔓1次，直至架的上部。

（3）追肥。开花结果前少施氮肥，防止徒长及落花结果，开花坐果后追肥。生育期中共追肥6~8次，特别是结果期每采2次就要追肥1次。地膜栽培前期一般不追肥，进入结果期视长势补充水肥。夏、秋黄瓜结果期温度高，水肥一定要勤施，否则畸形瓜多、产量低。

（五）采收

雌花谢花后10~15天即可采收。根瓜要早采，盛果期每2天即可采1次。适时采收，既能提高黄瓜品质，又能丰产。春黄瓜采收期45~55天，亩产可达4 000千克以上；夏、秋黄瓜采收期30天左右，亩产量1 500~2 000千克。

二、日光温室栽培

（一）冬春茬栽培

冬春茬黄瓜是秋末冬初在温室内播种的黄瓜，其开花、结果前期处在低温、弱光照的严寒冬季，是栽培难度大的茬口，生产上常用保温好的节能性日光温室栽培。

1. 育苗

黄瓜采取温汤浸种法浸种。先将种子投入小盆中，再缓慢倒入55℃温水，边倒边搅拌，使种子受热均匀，持续10~15分钟，水温降至30℃时，再浸泡4~6小时。浸种后，将种皮上的黏液搓洗干净，然后用湿纱布包起来，放入瓦盆中，用湿布片

盖好，在28~30℃条件下催芽，经12小时左右，胚根即可露出种皮，再降温到17~18℃，以控制胚根徒长，促其芽齐。为了提高黄瓜的抗寒能力，可进行胚芽锻炼。即把胚根尚未露出种皮而破嘴的种子，放在-2℃左右条件下冷冻2~5小时，用冷水缓冻后再重新催芽，可使芽壮，能提高幼苗抗逆性。种子在催芽过程中，要勤检查，注意透气，防止过热或温度不均匀，及时翻倒或淘洗。

冬春茬黄瓜播种期各地稍有差异，一般在10月中下旬，可在育苗盘播种，也可在地面做成育苗畦播种。无论采用哪种育苗床，均要求透气性好，水分适宜，要利于出苗和发根。可用沙床播种，即做好育苗畦后，铺8~10厘米厚细沙，刮平，浇透水，把催好芽的种子均匀撒在沙上，再盖2厘米厚细沙，浇水后盖地膜，待50%以上子叶露头时去掉地膜。播种后温度白天保持25~30℃，夜间保持15~20℃。

2. 定植

黄瓜根系浅，好气性强，吸收能力较差，但生长快，结果多，所以需肥量大，同时要求地温较高。日光温室冬春茬栽培必须增施有机肥，深翻整地，才能获得高产。一般每亩施优质有机肥1万千克，深翻30~40厘米，可获得1万千克以上的产量。深翻时肥料与土壤要充分掺匀，然后整畦或打垄，畦垄方向可南北延长或东西延长。高畦畦面宽60~65厘米，高10~15厘米，沟宽65~70厘米，畦面上覆盖地膜。垄畦可做成大小不同行距，大行距80厘米，小行距为50厘米，垄高10~15厘米，小行间覆盖地膜。

冬春茬黄瓜一般在11月下旬至12月初定植。定植前在垄畦上开沟，选整齐健壮的秧苗，垄栽按25厘米株距放苗，每亩栽苗为3 500~3 700株。在株间沟中点施磷酸二铵，每亩施40~50千克。然后把定植垵埋少量土后浇水，浇水量依底墒情况而定，要充足而不过多。待定植水渗下后，再用土封埯。注

意：栽苗不宜过深，以免沟太浅而不利浇水，也不利于地温升高。一般在栽后小行间覆盖地膜，在黄瓜生长前期采用地膜下沟中暗灌，也可在地膜下铺软管滴灌带来进行灌溉，有利于减少棚内空气湿度。

（二）秋冬茬栽培

日光温室秋冬茬黄瓜栽培，是以深秋和初冬供应市场的茬口安排，前期处在高温长日照条件下，结瓜期以后光照强度和温度则逐渐降低，与冬春茬黄瓜所处的环境条件差异较大，所以从品种选择到栽培技术上与冬春茬黄瓜均有所不同。

1. 育苗

秋冬茬黄瓜应选既耐热又抗寒、抗病力强的品种。据各地生产实践，津杂 1 号、津杂 2 号、夏丰 1 号、秋抽 1 号、中农 11 号等较为适宜。

秋冬茬黄瓜育苗期应根据市场和各地实际情况而定，一般于 8 月上中旬至 9 月上中旬播种。采用温室育苗较好，因育苗期处于高温多雨季节，采用旧薄膜覆盖，既可遮阳，又可防雨。育苗畦可在温室内做成低畦，畦宽 1 米、长 5 米左右，每畦撒过筛的优质有机肥 50 千克，翻 10 厘米深，使肥料与土壤掺匀，整平后即可播种。播种可按 10 厘米×10 厘米划格后点播；也可先撒播，出苗后待子叶发足时再按 10 厘米株行距移栽。不论哪种方法都应采取浸种催芽后再播，播后盖 2 厘米营养土，浇足水分。要注意将薄膜下部卷起，以利通风降温，移栽时尽量不要伤苗。苗龄一般 20~30 天、幼苗 3 叶 1 心时定植较适宜。

2. 定植

每亩施优质有机肥 6 000 千克以上，深翻 30 厘米，整平耙细，做成大小行垄，小行宽 50 厘米，大行宽 80 厘米，也可做成 1.3 米宽的高畦，畦高 15~20 厘米。然后在每个垄上开一浅沟或在畦面上按 50 厘米宽开两条浅沟，在沟内施磷酸二铵，每

亩 50 千克。

定植前 1 天苗畦浇透水，以利起苗。定植时按株距 25 厘米把苗坨摆在定植沟中，每亩栽苗 3 500~3 700 株，然后培土稳坨，再灌水。2 天后表土干湿合适时松土封沟。定植深度以苗坨上表面低于畦面或垄面 1~2 厘米为宜，也可在畦面盖地膜。注意棚膜底脚要揭开，温室后部开通风口。

第二节　冬　瓜

一、露地栽培

（一）栽培方式

冬瓜的栽培方式有两种：地冬瓜栽培和架冬瓜栽培。地冬瓜栽培不搭架，通风透光差，坐果少，易烂瓜，产量低。架冬瓜栽培需搭架、整枝、绑蔓，植株通风透光好，坐果率高，烂瓜少，产量高。

（二）技术要点

1. 播种育苗

2 月下旬至 3 月中旬播种。以嫩瓜上市的早熟栽培，利用大棚电热温床育苗。营养土配制同黄瓜。

浸种催芽，方法是：先用 50~55℃热水烫种并迅速搅动，待水温降至 30℃后停止搅动，浸种 8 小时；然后将种子洗净，晾干水分，在 25~30℃条件下催芽；胚根长 2~3 毫米时即可播种。出苗后，加强苗期温湿度及水肥管理，培育壮苗，苗龄 35 天左右，具 2~3 片真叶即可定植。

2. 整地施肥

参见黄瓜。

3. 定植

冬瓜耐寒性弱，气温 20℃以下生长缓慢，气温稳定在 20℃

以上才可定植。露地栽培4月下旬至5月上旬定植，保护地栽培可提早到4月上旬定植。

种植密度根据不同栽培方式而定。地冬瓜1.65米，开厢种单行，株距0.82~1.10米，每亩定植360~480株；棚冬瓜1.65米，开厢种1行，株距0.56~0.83米，每亩定植480~720株；架冬瓜1.65米开厢种1行，株距0.67~0.80米，每亩定植500~600株。浇足定根水。早熟栽培盖上小拱棚保温，可缩短缓苗期。

4. 田间管理

（1）抽蔓前的管理。缓苗至压蔓这一阶段，应勤中耕、勤施淡粪水，促进生长；中耕时茎基部适当培土，促进不定根生长，增加吸收能力。

（2）植株调整。地冬瓜蔓长至1.5米左右，将蔓向预定生长相反的方向盘旋一圈，并将其中2~3节埋入表土中。注意：盘蔓时不要损伤茎叶；长势强的圈盘大一些，长势弱的圈盘小一些，使盘蔓后龙头在爬蔓方向上整齐一致。坐果前留一二侧蔓，利用主侧蔓结果；坐果后任侧蔓生长。

棚冬瓜抽蔓后要搭棚，棚高1.8~2.0米。架冬瓜抽蔓后要搭“人”字形架或“三脚架”，架高1.5米，架间以横杆相连增加其稳定性。棚、架冬瓜蔓上架之前均要盘蔓压蔓。棚冬瓜蔓上棚以前摘除侧蔓，上棚以后任其生长。架冬瓜要摘除所有侧蔓，每株定瓜2个，在第2个瓜后7~10片叶处摘心。

（3）保果。采取人工辅助授粉的措施，以提高坐果率。方法是：上午选当天开放的雄花，除去花冠，将花药在雌蕊柱头上轻轻涂抹几下；用15~20毫克/升的2,4-D涂瓜柄，提高坐果率；在瓜迅速生长期，棚架冬瓜要及时吊瓜，地冬瓜要垫土或垫草，并轻轻翻瓜2~3次，减少腐烂，避免瓜一边白一边青；用80%代森锌可湿性粉剂500倍液，或用75%百菌清可湿性粉剂600倍液，或用甲霜铝铜500倍液防治绵疫病，减少瓜

的腐烂。

（4）水肥管理。缓苗后和卷须出现时各施 1 次淡粪水，促进瓜苗生长。第 3 次在盘蔓后、上架过程中施入，促进茎叶生长，雌花发育，幼瓜生长。第 4、5 次肥分别在第一瓜迅速生长期、第二瓜坐住后施入，促进果实膨大。多雨季节开沟排水，成熟前一般不浇水。

5. 采收

冬瓜开花后 35~45 天成熟。早熟栽培以嫩瓜上市，谢花后 20~25 天、单果重 3~4 千克即可采收；如用于贮藏或长距离贩运，一般在老熟后采收。

选择通风、凉爽、干燥的房屋贮藏冬瓜。用于贮藏的冬瓜要求老熟、带果梗、无伤疤。贮藏期间要检查，及时清除烂瓜。

二、大棚早熟栽培

大棚冬瓜早熟栽培，比拱棚密闭栽培早上市 30 天，比常规栽培早上市 50 天以上。而且通过高密度吊架栽培管理，坐瓜期集中，产量高，效益显著。每亩栽植 2 200~2 400 株，产量达 10 000 千克以上。

（一）播种育苗

大棚吊架栽培冬瓜播种期为 12 月。直播时苗床或沙箱要先铺 10 厘米厚的河沙，撒种后再盖 2 厘米厚的细沙。播种前晒种 2 天，用 55℃ 热水浸种处理后，再用 50% 多菌灵可湿性粉剂 500 倍液浸种 1 小时，然后继续浸种 4 小时，搓洗干净直播，浇足水。播种后白天温度保持 20~25℃、夜间 15~20℃，苗床 1 厘米深处出现干旱时补充水分。3~4 天后 2 片子叶展开、下胚轴长 3~4 厘米时即可移植。

（二）整地定植

定植前 10 天施肥整地，每亩撒施腐熟禽畜肥 5 000~6 000 千克，配施生物有机肥 100~150 千克、专用配方肥 40~

50 千克，或用三元复合肥 40~50 千克，或用过磷酸钙 50~100 千克+磷酸二铵 20~30 千克+硫酸钾 10~20 千克，翻耕耙细后作垄，小行距 50 厘米，大行距 80 厘米，起垄后覆盖地膜提高地温。2 月中旬气温回升较快，可选较好的天气，适时定植。定植宜在上午进行，以便盖膜增温。株距 38~40 厘米，每亩定植 2 200~2 400 株。定植时在垄面破膜开穴把苗坨埋入，坨面略低于垄面 1~2 厘米，随即浇足定植水，栽完再搭小棚加盖草苫保温。

（三）田间管理

1. 水肥管理

促进根系生长。坐瓜前应控制水肥，以免瓜蔓生长过旺而化瓜。一般定植后约 15 天，在垄的外侧植株间穴施追肥，每亩可施专用配方肥 20~30 千克或三元复合肥 30 千克。进入膨瓜期，每 15 天左右追肥 1 次，每次每亩施专用配方肥 30~40 千克，或用三元复合肥 30~40 千克。定植后，每 10 天左右喷施 1 次氨基酸复合微肥 600 倍液+0. 3%磷酸二氢钾+0. 3%尿素混合肥液。进入 4 月中下旬，气温升高，蒸发量加大，瓜膨大加快，宜保持土壤湿润，可每周浇 1 次水，在垄沟大水快流、速灌速排，淹水深度至垄中上部。

2. 温度与光照管理

定植缓苗期大棚内层覆盖应晚揭早盖，尽量维持较高温度，白天温度保持 28~32℃、夜间 16~20℃，促进缓苗。伸蔓期逐步过渡到早揭晚盖，增加光照，白天温度控制在 25~28℃、夜间不低于 12℃，以促进瓜蔓增粗、节增密，防止窜蔓。3 月下旬逐渐减少内层覆盖，4 月初全部撤除内棚，进入开花坐瓜期，温度应提高 4~5℃，以利开花、坐瓜和瓜迅速膨大。

3. 立架吊蔓

内棚撤除时瓜蔓已爬满畦面，应随即立架吊蔓。每行隔 3~4 米立一竹竿，再用 14 号铁丝纵拉成一条龙式吊架。高度依棚势而设，中间高两边低，中间高不超过 2 米，边行低不超过 1.5 米。然后用塑料绳将瓜蔓均匀吊悬于铁丝上，注意吊蔓时应小心理蔓，防止损伤叶片或茎蔓。

4. 摘心留瓜

早熟品种在 8 节左右处留第一雌花，在 12 节左右处留第二雌花。一般第一雌花因条件差，形成的瓜较小，且畸形多，而节位高的幼瓜虽然能发育成大瓜，但成熟过晚。所以，当第一雌花出现时应尽早抹掉，以第二雌花结瓜为主，并在瓜蔓长至 16~18 节时摘心。

5. 人工授粉

早春因棚内气温偏低，昆虫活动少，需人工辅助授粉，以防落花化瓜。人工授粉应在 8—9 时进行，将刚开放的雄花摘下，除去花冠，将花药在当天开放的雌花柱头上轻轻涂抹，使柱头粘上黄色花粉即可，每朵雄花可授 3~5 朵雌花。

6. 落蔓吊瓜

摘心后的瓜蔓生长高度仍可达到棚膜附近，要及时落蔓，即将瓜蔓下放盘于根部。落蔓后的高度以蔓最高处距顶膜 30 厘米为宜，并随时摘除下部老叶，以减少养分损耗，增加通风透光，减少病害。待瓜长至 0.5 千克时用绳扎住瓜柄吊起，以防瓜大后扯断瓜蔓。

7. 采收

冬瓜越是老熟，其果肉组织的坚实度越高，耐贮性越好。贮藏的冬瓜在采收前要降低水分，采收前 1 周不浇水。采收要选择晴天上午露水干后进行，采收时在距瓜体 8 厘米左右的地方用剪刀剪断。

第三节　丝　瓜

一、露地栽培

（一）播种育苗

（1）育苗方式。包括营养块育苗、营养钵育苗和穴盘育苗3种。

（2）育苗基质配制。使用未种过蔬菜的疏松肥沃的田园土和充分腐熟的有机肥（厩肥、菌包等），按6∶4或者7∶3的比例混合均匀，每1 000千克基质中掺入50克甲基硫菌灵或80克多菌灵。

（3）种子处理。

浸种：把种子放入50~55℃的温水中，保持水温浸泡10分钟，期间不断搅拌。后洗净种子，在30℃左右清水中浸泡6~8小时即可捞出催芽。

催芽：浸种后，清洗1次，用纱布或麻袋布包起来，置入发芽箱或其他保温的热炕、电热毯、烟道等处，保持温度25~30℃。为使种子内外层的温度一致，每天应翻动清洗1次。1~2天后，当大部分种子的胚根突破种皮外露时，即可播种。

（4）播种期和播种方法。

播种期：大棚早熟栽培于1月中旬至2月上旬播种；小拱棚早熟栽培于2月中下旬播种，利用电热温床或火窖子育苗；大棚、小拱棚冷床育苗适宜于沿江河谷地区，播种期为2月下旬至3月上旬。秋丝瓜适宜播种期在7月中下旬至8月上中旬。

播种方法：播种前，将浸种催芽的种子播于营养钵、营养块或穴盘内，每钵或每穴2~3粒种子，浇足定根水，覆盖细土或石谷子土0.5~1厘米厚，再浇足水1次。盖一层地膜保温保湿。

（5）苗期管理。秧苗出土前注意保温保湿，种子破土时要及时揭掉覆盖的薄膜。齐苗至子叶展开期间应适当降温、通风，防止徒长、倒苗或冻害。定植前10~15天开始进行炼苗，即逐渐增加敞棚时间，降低棚内温度，炼苗期间的水分控制以秧苗健壮、叶色较深、叶片较厚而不萎蔫为宜。

（二）整地施肥

生产用地尽量选择土层深厚、土质肥沃、排灌方便、pH值中性略酸的沙壤土为宜。基肥以腐熟农家肥为主，辅以氮磷钾复合肥、尿素、过磷酸钙等，一般每亩施腐熟人畜粪肥3 000千克、堆肥3 000千克、过磷酸钙50千克、氯化钾20~30千克。最好是一起混合腐熟后再作基肥施放。

定植前7~10天整地，早熟栽培以1.33米开厢。以深沟高厢栽培，并覆盖地膜。覆膜时，尽可能选晴天无风的天气，地膜要紧贴土面，四周要封严盖实。地膜一般有以下选择：白色地膜对土壤增温效果较好，黑色地膜对抑制杂草生长效果显著，银灰色地膜能有效避免蚜虫为害。

（三）定植

定植时期：幼苗以3~4片真叶、苗龄35~40天为宜。

定植密度：早熟栽培每亩栽植2 000株，即厢宽1.33米，退窝50厘米，单行双株栽培。

定植后浇足定根水，定植穴四周用泥土盖严。

（四）田间管理

搭架：丝瓜搭架方式主要有篱架、“人”字形架和平架3种。

整枝打杈：丝瓜分枝力强，需要整枝打杈。去侧蔓留主蔓，从8~10片叶开始留瓜，主蔓具有3个幼瓜时摘心，留顶部侧芽。第二次仍留三瓜摘心。

人工授粉：为提高坐果率，减少畸形瓜，可进行人工授粉，保花保果。7—9 时取当日开放的雄花点雌花，或用 20～30 毫克/升防落素喷雌花。

水肥管理：第一次追肥一般于缓苗后进行，每亩施腐熟稀人畜粪肥 1 000～2 000 千克或复合肥 10 千克；第二次追肥于开花初期，或第一个瓜坐稳后进行，每亩施腐熟的人畜粪肥 2 500～3 000 千克，或用尿素 15 千克加复合肥 15 千克混施；以后每采收 3～4 次施肥 1 次，以水肥为主，人畜肥与适量化肥交替使用。

整个生长期，需经常进行中耕除草，适时进行人工引蔓、绑蔓。盛果期，摘除过密的老黄叶和多余的雄花，把搁在架上或被卷须缠绕的幼瓜调整至垂挂生长，摘除畸形瓜。

（五）采收

丝瓜以嫩果供食用上市。一般开花至成熟 10～12 天，要及时采摘，过早产量低，过晚纤维化高。根瓜要早采收，盛果期每 2 天采 1 次。采收时齐瓜根部用剪刀剪下，防止手撕伤秧蔓。摘取中下部老叶把瓜包好整齐地放于筐中，以免发生擦伤，影响销售品质。

（六）间套作

丝瓜可与莴笋、矮生菜豆等间作栽培；丝瓜间套作辣椒、蕹菜。

二、大棚春早熟栽培

丝瓜春早熟栽培一般在 2 月中下旬播种育苗，3 月中下旬定植，7—8 月结束。该茬口生产周期较长，病害较少，产量高，经济效益好。

（一）育苗

大棚春早熟丝瓜栽培，育苗可以在阳畦、温室、温床等设施内进行，一般在 2 月中下旬播种育苗，苗龄 30～35 天，幼苗

具 3~4 片真叶。定植前 7~10 天通风降温炼苗，白天温度保持 20~25℃、夜间 8~10℃。

（二）整地定植

1. 整地施基肥

大棚春早熟栽培，应提前扣棚烤地增温。一般在定植前 20 天以上，当土壤完全化冻后，结合整地每亩施充分腐熟有机肥 5 000~8 000 千克、复合微生物肥 3~5 千克、专用配方肥 80~100 千克或硫酸钾 30~40 千克+过磷酸钙 100~150 千克+45%三元复合肥 50~70 千克，将肥料混匀后均匀撒于地表，深翻入土，肥料与土混匀。土地整平后，作小高畦，覆盖地膜。畦面宽 90~110 厘米，沟宽 30~40 厘米，畦高 10~15 厘米。

2. 定植

棚内气温稳定在 5℃以上、10 厘米地温稳定在 15℃以上时是安全定植期。一般在 3 月下旬定植，加盖地膜的拱棚可提早 7~10 天定植。选择晴天的上午定植，株距 35~40 厘米，每穴 1 株，用细土把定植穴地膜孔封严。每亩定植 2 500~3 000 株。

（三）田间管理

1. 温湿度管理

定植后保温保湿，促进缓苗，白天温度保持在 20~25℃、夜间 13~15℃，及时通风排湿，防止病害发生。第一条瓜坐住后，适当提高棚温，白天温度保持 26~30℃，超过 32℃通风降温，并且加大通风量，降低棚内空气湿度，减轻病害。当外界气温稳定在 15℃以上时，可以昼夜通风炼苗。

2. 水肥管理

缓苗后，选择连续晴好天气的上午浇 1 次缓苗水，水量可以大些。如果基肥不足，每亩追施尿素 10~15 千克。第一条瓜坐住后，开始加强水肥管理，每 7~10 天浇水 1 次。每 14~20 天追肥 1 次，每次每亩追施专用配方肥 20~25 千克或三元复合肥 25~30 千克。结瓜中后期，一般每采收 3~4 次追肥 1 次，每次每亩追施专用配方肥15~25千克或硫酸铵15~20千克+磷酸铵4~10千克+硫酸钾2~5千克。每7~10天喷施1次氨基酸复合微肥600~800倍液+0.3%磷酸二氢钾+0.2%尿素混合肥液，并适时施用二氧化碳气肥。

3. 整理植株

丝瓜秧生长旺盛，定植后要及时整枝搭架。可以用竹竿插篱架，也可以采用吊架，每株1根架杆或吊绳，要求架面牢固，防止架面倒伏。一般采用单蔓整枝，每4~5片叶绑蔓1次。当秧蔓爬满架面后，及时摘心，防止秧蔓乱爬扰乱架面，影响通风透光。

4. 人工授粉

大棚栽培由于棚膜阻隔，昆虫较少，需要人工辅助授粉来保花保果。方法是在8时左右、露水干后，采集新鲜开放的雄花，将花粉均匀抹在当天开放的雌花柱头上即可。

5. 采收

丝瓜以嫩瓜食用，要适时采收，一般花后10~12天采收为宜。采收过早产量低；过晚丝瓜老化，纤维含量高，品质下降。采收宜在早晨进行，每1~2天采收1次。

第四节　苦　瓜

一、露地栽培

（一）播种育苗

春露地栽培于2月下旬至3月上旬保护地营养钵育苗，3月下旬至4月上旬定植。大棚栽培一般于2月上中旬电热温床育苗，3月上中旬定植于大棚。播前将种子浸泡于55~60℃的热水中，并不断搅拌，使种子受热均匀。10~15分钟后，将水温降至30℃左右，继续浸泡8小时，然后装入透气布袋中，放

在25~30℃的地方催芽。催芽期间，种子每天清洗1次，直到85%的种子露白即可播种。播种后覆土2厘米左右，浇透水，最后浇一遍多菌灵或百菌清杀菌药，盖上薄膜。种子发芽期白天温度应保持在30~35℃，夜间20℃以上，当苦瓜出苗50%左右即可揭膜。揭膜后浇一遍百菌清杀菌药，齐苗后注意水分管理和温度管理，苗床水分一般见干就浇，白天温度控制在25℃左右，夜晚温度控制在15~18℃，总的原则是控温不控水。定植前一周注意低温炼苗。

（二）整地施肥

以疏松肥沃、有机质丰富、土层深厚、向阳的壤土栽培为宜。深翻炕土，按2米开厢整地窝施或沟施基肥，亩施腐熟堆肥2 000千克或人畜粪1 500千克、氯化钾（或硫酸钾）30~50千克、过磷酸钙25~30千克。

（三）定植

嫁接苗亩植80~120株（每厢种1行，窝距2.8~4.2米，每窝1株），实生苗亩植1 600~2 200株（每厢种2行，窝距0.6~0.8米，每窝2株）。施足定根清粪水；加盖小拱棚保温，提高成活率。

（四）田间管理

（1）搭架引蔓与植株调整。卷须出现时搭架引蔓，有3种架式："人"字形架、棚架（平架）和篱架。第一雌花以下的侧蔓除去，在水肥充足的条件下，中后期可选留几个侧蔓，以增加后期产量。生长中后期，须及时摘除基部老叶、病叶，通风透光，提高产量。

（2）水肥管理。缓苗后勤施淡粪水。开花结果期重施追肥，亩施入畜粪2 000千克、氯化钾10~15千克。结果后期，每次每亩追施0.5%的尿素液肥，以延长采收期。及时排水。

（五）采收

苦瓜以嫩果供食，坐果后发育速度较快，因此要及时采收。一般开花后 10~14 天达到商品成熟，即果实的条状或瘤状突起较饱满、果实转为有光泽、果顶颜色变淡即采收。

二、大棚栽培

苦瓜性喜温暖、不耐寒，但是经过适当炼苗，其适应性也很强。大棚苦瓜栽培有春提早和秋延后两个茬口，但生产中以春提早为主，秋延后种植面积较少。在华北地区，春提早栽培苦瓜一般在 1 月下旬至 2 月上中旬播种，利用温室育苗，苗龄 45~55 天，5 月中下旬开始采收上市，7 月中下旬拉秧。

（一）品种选择

春早熟苦瓜栽培宜选择早熟、抗病、耐低温、长势强健、高产的品种。

（二）育苗

1. 营养土配制

育苗营养土选用未种过瓜类的田土 6 份、腐熟的禽畜粪肥 3 份、过磷酸钙 1 份，混匀过筛，装入营养钵或袋内，于播种前 1 天浇足底水。

2. 播种

播种前进行种子处理。可采用营养钵育苗，也可将营养土铺在苗床上，压实整平，浇透水后，割成 5~7 厘米见方的块，播入种子。

3. 苗期温度管理

利用日光温室、火床或电热温床育苗，以保证育苗环境的温度，特别是苗床的温度。出土前温度保持在 28~35℃，促进出苗。苗出土后适当降温，白天温度保持在 25~28℃、夜间 13~15℃，促进花芽分化，防止幼苗徒长。定植前 7~10 天，通

风降温炼苗，白天温度保持在20~25℃、夜间8~10℃，以提高幼苗的适应性。

（三）整地定植

1. 提前扣膜烤地增温

大棚春提前栽培，为了满足适宜定植的条件，一般提前20~30天扣棚烤地增温，扣膜应选择冷尾暖头的晴天无风上午进行。

2. 整地施基肥

一般每亩施充分腐熟有机肥5 000~6 000千克、生物有机肥150~200千克、专用配方肥60~100千克或钙镁磷肥50~80千克+硫酸铵20~40千克+硫酸钾20~40千克。肥料撒施在地表，立即深翻30厘米左右，耙两遍，使土肥尽量混匀。然后作小高畦，畦上覆盖地膜。

3. 定植

定植期依棚内温度而定，一般当10厘米地温稳定在12℃以上、气温稳定在5℃以上时，为适宜定植期。春提早栽培生长期短，植株长势强，定植密度不宜太大，若采用大小行栽培，以大行80厘米、小行60厘米、株距40厘米为宜，每亩定植2 000~2 200株。早春栽培定植时外界气温较低，一般不浇水，这样有利于提高地温，缩短缓苗期。缓苗后，视天气浇缓苗水。

（四）田间管理

1. 温度

定植后关闭所有通风口，保温保湿，促进缓苗。缓苗后，通风降温，白天温度保持20~30℃、夜间15℃以上。进入4月后，白天注意通风降温，防止烤苗，温度超过30℃通风，晚上注意保温，防止晚霜危害。进入5月后，华北地区外界气温基本稳定在15℃以上，经过1周时间的通风炼苗后，可以不撤棚膜，一直到结束。这样，既可以避免灰尘对瓜条的危害，又有利于防治病虫害。

2. 浇水与追肥

定植缓苗后，视天气情况及时浇缓苗水，之后不旱不浇水。结瓜期是需水肥量最大的时期，一般每 7~10 天浇水 1 次，每 15 天左右追肥 1 次，每亩每次追专用配方肥 30~40 千克或尿素 20~25 千克+过磷酸钙 20~30 千克+硫酸钾 5~10 千克。同时，每 7~10 天喷施 1 次氨基酸复合微肥 600~800 倍液+0.2%尿素+0.3%磷酸二氢钾混合肥液，可减少病害，促进优质高产。

3. 植株调整与人工授粉

甩蔓后及时搭架、绑蔓、整枝打杈。大棚苦瓜开花结果期正处于气温比较低的季节，昆虫活动少，传粉困难，为了增加产量、保证品质，需要进行人工授粉。

4. 采收

苦瓜一般在开花后 12~15 天采收，此时果实充分膨大，瓜皮有光泽，瘤状突起变粗，纵沟变浅并有光泽，尖端变平滑。

第五节　南　瓜

一、露地栽培

（一）播种育苗

将营养钵在苗床上放好后，先浇足水，然后将种子播入钵内。每钵两粒种子，播完覆 1.5 厘米厚的“石谷子”或培养土。

（二）整地施肥

定植前，按行距 2 米或 3.33 米开厢，施肥量参见黄瓜，覆盖地膜。

（三）定植

爬地栽培行距 3.33 米、窝距 1.33 米，每窝 2 株，每亩栽

300 株。搭架栽培行距 2.00 米、窝距 1.33 米，每窝 2 株，每亩栽 560 株。施定根清粪水，盖小拱棚保温。

（四）田间管理

（1）搭架、整枝。早熟品种通常密植、搭架栽培、单蔓整枝；中晚熟品种多爬地栽培、双蔓或多蔓整枝。双蔓整枝是只留 1 个主蔓 1 个侧蔓，待坐果后留 5~6 片叶摘心。多蔓整枝是主蔓 5~7 叶时摘心，只选留 2~3 个健壮侧枝结果；或主蔓不摘心，留 2~3 个健壮侧枝。

（2）压蔓。爬地栽培压蔓前先进行理蔓，使瓜蔓按垂直于厢面的方向均匀分布。蔓长 50 厘米左右时压蔓 1 次，以后每隔 50 厘米压 1 次，前后压 3~4 次，方法是用土块将蔓压在地面，使南瓜顶端 15 厘米露出土面。

（3）施肥。定植后 5~7 天，亩施 10%腐熟人畜粪水 600 千克。幼瓜坐稳后，亩施腐熟人畜粪水 1 000 千克、氯化钾 10 千克。第一批瓜采收后，亩用腐熟人畜粪水 1 000 千克、氯化钾 10 千克、尿素 5 千克追肥 1 次，防止植株早衰。植株进入结果后期，可用 0.5%的磷酸二氢钾根外追施，以延长采收期。

（4）人工辅助授粉。6—8 时授粉最佳，要求在晴天 9 时结束。方法：于清晨采摘当天开放的雄花，去花冠，然后将雄蕊轻轻涂抹在雌花柱头上。

（5）垫瓜、翻瓜、盖瓜。南瓜坐果膨大后，畦面应保持干燥，若遇上雨季，须将瓜垫起在瓜蔓上，否则易引起烂瓜。中后期翻瓜 1~2 次，使阴面不接触土层，避免不必要的损失。高温强光应盖瓜（可用杂草），防日灼。

（五）采收

早熟品种谢花后 10~15 天采收嫩瓜上市。中晚熟品种在谢花后 40~50 天，瓜皮转色、果皮蜡粉增厚时可采收，贮藏的南瓜以上午阴凉采收为宜，同时在采收搬运过程中应小心轻放，避免堆压过重发生腐烂。

二、大棚栽培

大棚栽培南瓜，一般采取吊蔓方式，即在大棚的顶部南北向拉上铁丝，东西宽度与行距一致，然后在铁丝上吊塑料绳，塑料绳下垂后与南瓜苗相接。南瓜植株可在人工辅助下按一定方向顺绳上爬，植株长高长大后，人工将茎蔓均匀、有规律地下落盘绕在地面上。大棚南瓜一般采取主蔓留瓜，蔓长约1米时，应搭好棚架，并把主蔓绑缚固定在棚架上，及时整枝打杈，去除侧蔓，只留1个主蔓。通常情况下去掉第一个雌花，保留第二个雌花。整枝主要是去掉侧蔓和多余的花果，如果待种下茬，则留2个瓜后在第二个瓜的上部留5~8片叶摘心、打顶，并去掉侧蔓、花、瓜。下落地面后的叶片以及下部老叶片要及时摘除，以利通风透气。

1. 人工授粉

大棚南瓜需要人工授粉，主蔓上保留12节以上的瓜。开花后每天进行人工对花授粉，授粉时间在9时前后，选新开放的雄花去掉花瓣，只留雄蕊，将雄蕊上的花粉均匀地涂抹到雌蕊柱头上。一朵雄花可以为3~5朵雌花授粉。

南瓜长势较旺，当每株坐住2个瓜后应将主蔓摘心，使植株由营养生长转向生殖生长。

2. 浇水与追肥

(1) 浇水。定植后3~5天浇缓苗水，以后控制水分使根深扎。南瓜坐瓜后至膨大期要及时浇水追肥，原则上保持土壤见湿不见干。当第一批瓜坐住后则不能缺水，始终保持土壤湿润，可每5~7天浇水1次，以促进果实发育。

(2) 追肥。定植缓苗后每亩追施尿素5~8千克。第二批南瓜坐住后，每亩追施专用配方肥20~25千克，或施三元复合肥15~20千克。也可坐瓜后每10~15天浇水1次，每次浇水结合进行施肥，每次每亩施尿素5~15千克、氯化钾5~10千克。在

南瓜生长期内，每 7～10 天喷施 1 次氨基酸复合微肥 600～800 倍液+0.3%尿素+0.5%磷酸二氢钾混合肥液，一般连续喷施 3～4 次，对增加产量、提高品质效果显著。

3. 适时采收

南瓜一般坐瓜后 20～30 天即长到该品种应有的大小，单瓜重 1～3 千克即可采摘，是否采摘主要取决于市场行情。南瓜有独特的养分特点，当植株留有 1 个瓜生长时，如果不采摘则其余所有后开花的瓜往往会落瓜或化瓜，即第一瓜采收后才能坐第二个瓜。一般在成熟度达 90%以上时采收，采后根据瓜的大小、形状、颜色及市场需求进行装箱。

第六节　西葫芦

一、露地栽培

（一）整地施肥

选择背风向阳、春后气温回升快的沙壤土栽培西葫芦。定植前 15 天深翻炕土，整地施肥参见黄瓜。

（二）定植

第一片真叶展开即可定植。每厢种 1 行，窝距 0.6 米。每窝定植 1～2 株。浇足定根清粪水，盖小拱棚保温防寒。

（三）田间管理

（1）小拱棚覆盖期的管理。缓苗前密闭薄膜，提高温度；缓苗后施淡粪水；雌花开放后揭去小拱棚。

（2）人工辅助授粉。7—9 时，采摘当天开放的雄花，去花冠，然后将雄蕊轻轻涂抹在雌花柱头上；或用 10～15 毫克/升的 2,4-D 涂花，提高坐果率。

（3）水肥管理。根瓜坐住后，开始追施。4 月上中旬进入结瓜盛期，需勤施水肥，满足生长发育需要，追肥参照南瓜。

(四) 采收

西葫芦陆续开花，陆续结果，适时采收既能保证商品瓜质量，又能提高产量。通常瓜长 20 厘米、单瓜重 200～300 克即可采收上市。

二、中、小棚早春茬栽培

(一) 育苗

中、小棚早春茬西葫芦的育苗适期，主要依中、小棚内安全定植期来确定。华北等地育苗播种期在 1 月下旬，苗龄 30～40 天，3 月上旬定植，4 月上中旬即可采收。

(二) 定植

当中、小棚内 10 厘米地温稳定在 10～12℃，棚内气温为 8℃时即可定植。定植可按 1～1.2 米宽做成小高畦，每畦栽两行，株距 40～60 厘米，栽植密度依品种不同而异。早熟西葫芦一般以每亩栽 2 000～2 500 株为宜。定植时先开 10～12 厘米深的定植沟，按株距放好苗后沟内灌水，晒半天后下午封沟保温，对提高地温有利。也可进行地膜覆盖。

(三) 定植后管理

(1) 定植后 3～5 天封棚保温，夜间加盖草帘。缓苗后适当通风，白天 25～30℃，夜间 8～10℃。开花坐果期白天气温可降到 24℃，夜间保持 10～15℃。

(2) 西葫芦适于土壤湿润，对空气湿度要求不严，较适空气稍干燥的条件。定植后 5～7 天浇缓苗水，并随水施硫酸铵 20 千克或追施稀粪水 2 000 千克左右。缓苗后进行深中耕，适度蹲苗。第一个瓜坐稳后 (瓜约 8 厘米大小时) 浇水追肥。进入生长盛期，要加强水肥管理，5～7 天浇 1 次水，追肥共 2～3 次。

（3）西葫芦开花初期若气温较低，常会因授粉不良而落花。可进行人工授粉或用生长素处理。

（4）中、小棚西葫芦也应进行疏花疏果，一般每个叶腋间留一个生长正常的小瓜，其他瓜纽应及时疏掉。根瓜要早收，以免影响以后瓜的正常生长。

日光温室和大棚早春茬西葫芦栽培，可参考中、小棚早春茬西葫芦栽培技术。

第七节　西　瓜

一、露地栽培

目前我国西瓜露地栽培形式主要是高畦覆膜与平畦覆膜栽培。

（一）高畦覆膜栽培

高畦覆盖地膜，首先在耕地、施肥、浇水润地的基础上，按照预定的行距开沟，沟内集中施肥，然后在施肥沟上面培土成高畦。一般畦高 15~20 厘米，南方多雨地区可高些（高于 20 厘米），北方干旱地区可矮些（低于 15 厘米），畦宽 1.1~1.2 米，畦沟宽 50~60 厘米。另外，还有垄作形式，垄宽 50~60 厘米为栽植畦，1 米左右为掩畦，掩畦作为爬蔓和坐瓜用。在作畦与整平畦面后覆盖地膜，四周用土压实，等待栽植西瓜嫁接苗。

高畦覆膜的优点是受光面大，地温比较高，土层加厚，有利根系发育；便于排水和灌水，适于西瓜嫁接栽培。缺点是在干旱地区或多风季节，没有灌水条件的地方不宜应用。

（二）平畦覆膜栽培

平畦就是北方常用的蔬菜畦，畦面平整，周围为畦埂。首先耕地和普施基肥，而后做成 60~100 厘米宽的栽植畦和 1~2

米宽的垄沟，栽植畦和垄沟相间排列，再在栽植畦内集中施肥，并浇水润地，整平畦面，覆盖地膜，边缘用土压实，在畦内栽植1~2行西瓜嫁接苗。

平畦覆膜简单省工，适于降水量少、春夏多风的地区，以及土壤保墒性差的地块。缺点是受光面小，增温效果差，不利雨季排水防涝，西瓜嫁接部位容易被埋入土中。

二、日光温室早春茬栽培

日光温室西瓜以早春茬生产效果较好。这是因为西瓜对温度和光照要求严格，冬季生产难度较大，产品销量小，可从南方调运来满足需求。另外，北方地区早春很少阴雨，光照充足，特别3—5月环境条件对西瓜发育比较适宜，所以日光温室西瓜2月中下旬定植，4月中下旬开始采收，既可获得高产优质，又有较好的销路。

（一）品种选择

日光温室早熟栽培应选用早熟或中早熟品种，应具有良好的低温生长性和低温结果性，耐阴湿，并具有优质、丰产、抗病等特点。目前常用品种为京欣1号、京欣2号、金钟冠龙、丰收2号、开杂12、农友新1等。

（二）培育壮苗

1. 苗床和营养土准备

棚内建造苗床，苗床为平畦，净宽1.2米、深10厘米左右，并铺设地热线。选用腐熟农家肥和质地疏松的未种过西瓜的肥沃土壤（1∶1），同时加入0.5%过磷酸钙，过筛后装钵，或用草炭加0.5%过磷酸钙。采用8厘米×8厘米的塑料营养钵。

2. 种子处理

播种前种子采用温汤浸种。一般先将种子放入水中漂去瘪种，捞出籽粒饱满的种子后，在55℃温水中浸泡20分钟，进

行种子表面消毒处理，并使水温降至30℃浸种6~8小时，再捞出后放在28~30℃的条件下进行种子催芽。一般经24~48小时种子就会出芽，待种子大部分露白后播种。

3. 播种

播种前营养钵装好营养土并提前浇足底水，待水分渗下后，每营养钵点播3~4粒种子。播种时芽朝下平放，覆土2~3厘米。覆土太薄，容易造成戴帽出土。

4. 苗期管理

出畄期尽可能提高床温，白天28~30℃，夜间18℃；一半顶土时，降温，白天控制在22℃，夜间温度在15~17℃，25℃以上会徒长；出苗后继续控温控水，增光，控湿；破心后适当增温，白天25~28℃，夜温18℃，增光，浇温水；定植前进行幼苗锻炼，通风降温。

（三）定植

1. 定植时期

西瓜定植要求10厘米土温稳定在14℃以上，凌晨气温不低于10℃，遇到寒流强降温，短时间最低气温也能保持5℃以上才能定植。定植宜在晴天的上午进行。

2. 垄地施肥作畦

定植前土壤应深翻40厘米，使根系充分生长。按1.5米行距开深度、宽度均为40厘米的施肥沟，表层20厘米的土放在一侧，底层20厘米的土放在另一侧。每亩施优质农家肥2 000千克、鸡粪500千克、过磷酸钙3千克，分层施入沟中，第一层施完后再把其刨松，撒一层表土再施第二层肥，表土填完再分层填入底土，分层施肥时下层少施，上层多施。按大行距100厘米、小行距50厘米起垄，垄上覆地膜。

3. 定植

在垄中央按50~60厘米株距，用打孔器或移植铲交错开定植穴。选大小一致的秧苗，放入穴中，埋一部分土，浇足定植水，水量以不溢出穴外为准，水下渗后，封土。

（四）收获

西瓜采收要根据销售和运输情况来决定采收成熟度。当地销售，采收当天投放市场，必须达到十成熟，品质好；销往外地的西瓜，经长途运输，短期存放，需在八九成熟时采收。采收西瓜要带果柄剪下，可延长存放时间及通过果柄鉴别新鲜度。当地销售的每个西瓜上带一段瓜蔓和叶片，更能显得新鲜美观。采收最好在早晚进行，避免中午高温时采收。因为高温时采收的瓜温度高，内部呼吸作用强烈，运输途中易发生软腐变质。采收和搬运过程中应轻拿轻放，防止破裂。

第八节　甜　瓜

一、露地栽培

（一）播种育苗

选择适合当地的甜瓜品种，播前晒种 1~2 天，将晒好的种子放在 50℃水中浸泡 60 分钟左右，边浸边搅拌，搓去种皮黏膜后清洗干净。将浸好的甜瓜种子用力甩干水分，用湿润的棉布包好放于塑料袋中，置于 25~35℃的地方催芽。催芽完成后将其播种于事先准备好的苗床上，等种子长成小苗后实行一次筛选，剔除长势弱的瓜苗。

（二）整地移栽

选择土壤疏松、土质厚、土质肥沃、通透性良好的沙壤土，整平耙碎后移栽。移栽前根据品种定穴距，一般 0.3 米。另外，每 10 吨水加敌磺钠 500 克作栽苗水，先浇足水，把瓜苗营养块放进埯中，将瓜苗及地膜用土压严。

（三）田间管理

甜瓜真叶 2~3 片时进行间苗，每埯留 3~4 株；真叶 3~4

叶时进行定苗，每埯留 1 株健壮大苗。移栽田在移栽后（直播田为真叶 2~3 叶）立即进行深松，顺蔓前再进行一遍除草，保证生育期内无大草。幼苗 4~5 片真叶时，留 4 片真叶进行主蔓摘心，子蔓伸出后选留 3~4 条健壮的主蔓，当长到 5~6 片真叶时再行对子蔓摘心，全株留 3~4 条孙蔓，孙蔓出现雌花后，在花前面留 1~2 片叶摘心，同时将其余枝杈全部摘除，一般全株留 3~4 个瓜为宜。

二、日光温室栽培

日光温室冬春茬甜瓜一般在 11—12 月播种，翌年 1—2 月定植，收获期为 3 月下旬至 5 月上旬。

（一）品种选择

日光温室冬春茬栽培应选用耐低温弱光、生育快、早熟、株型紧凑的品种，如伊丽莎白、玉金香、银翠、天蜜等。

（二）培育壮苗

1. 苗床和营养土准备

棚内建造苗床，苗床为平畦，宽 1.2 米、深 10 厘米左右，并铺设地热线。营养土选肥沃的大田土与腐熟厩肥混合配制而成。常用配方有腐熟马粪 1 份，腐熟猪、鸡粪 1 份，肥沃大田土 1 份。将营养土配好后，床土拌匀，采用福尔马林消毒，每立方米约需 1 瓶（500 毫升），将药配成 50~100 倍液，边倒堆，边喷药，翻拌均匀，用薄膜盖好闷上一周，使用前扒开营养土堆，晾一周，再装钵备用。

2. 种子处理

用 55℃温水浸种 20 分钟，然后捞出洗净种子表面黏膜，用湿布包好，放到 25~35℃条件下催芽，翻动 3~4 次，10~12 小时就可出芽，当芽长 1~2 毫米时立即播种。一般苗龄在 30 天左右。

3. 播种

将营养钵在育苗床中放平，浇透水，将催出芽的种子每钵点1~2粒，盖土1厘米厚。然后用地膜盖严。

4. 苗期管理

出苗前白天气温保持在28~35℃，夜间17~20℃。出苗后应适当降温，以防止徒长，白天气温可降到22~25℃，夜间气温15~17℃。真叶出现后应适当提温，白天气温保持在25~28℃，夜间为17~19℃。当棚温超过28℃时即可通风。育苗期内浇足底水，一般不再浇大水，干旱时可用喷壶洒水，当苗床内湿度过高时，可以撒些干土或草木灰以降低湿度。苗床内常由于低温高湿而发生猝倒病，所以应及时放风。即使在低温天气，若床内湿度过大时，也应酌情通风放湿气；也可用64%噁霜灵500倍液或75%百菌清可湿性粉剂600倍液喷洒根部。定植前7~8天要锻炼瓜苗，以提高其耐寒力。

（三）定植

1. 定植时期

甜瓜在10厘米土温稳定在12℃以上，气温不低于13℃时定植。定植应选晴天上午进行，阴天有寒流的天气不能定植。

2. 整地施肥作畦

定植前将土地深翻耙平耙细，施入基肥。一般每亩施入优质农家肥厩肥5 000千克、过磷酸钙50千克、硫酸钾20千克作基肥。结合基肥，每亩地施入镁肥3~5千克、硼锌等微肥2~3千克，可改善果实品质，预防缺素症。一般高畦和垄畦栽培，高畦畦宽1.0~1.2米，沟宽50厘米，畦高20~30厘米，每畦栽2行苗；垄畦面宽40~50厘米，高15~20厘米，每畦栽1行苗。

3. 定植

栽培密度一般每亩2 200~2 300株，行距70~80厘米，株距40~45厘米为宜。定植时要浇足底水，秧苗不宜栽植过深，

应以露出子叶为度。保护地冬春茬栽培必须采用地膜覆盖，提升地温，保持土壤湿润。

（四）田间管理

1. 温度管理

缓苗期白天气温控制在27~30℃，夜间不低于20℃，地温27℃左右；缓苗后注意通风降温，白天温度为25~30℃，夜间温度不低于15℃；开花期白天温度为27~30℃，夜间温度为15~18℃，昼夜温差要求10~13℃；果实膨大期白天温度为27~35℃，夜间温度为15~20℃，保持10℃以上的昼夜温差有利于果实的发育和糖分的积累。

2. 水肥管理

缓苗时如发现土壤水分不足，可浇1次缓苗水，水量不宜过大。缓苗后根系的吸肥、吸水能力强，因此，植株开始生长时浇1次伸蔓水，每亩地随水施入磷酸氢二铵10千克、尿素5千克及硫酸钾5千克，促进植株迅速生长。开花坐果期应避免浇水，使雌花充实饱满。膨瓜期可每10天浇1次小水，整个结瓜期共浇2~4次，结合浇膨瓜水，每亩地随水冲施磷酸氢二铵30千克、硫酸钾15千克、硫酸镁5千克。果实接近成熟时，要节制水分，保持适当的干燥，以利于糖分的积累。缓苗后可挂反光幕，提高光照强度。结果期如遇低温寡日照天气，要临时加温、补光；草苫早揭晚放，保持棚膜清洁，争取多透入阳光。

3. 植株调垄

甜瓜的茎蔓性植株“团棵”以后，不能直立生长，需及时吊绳引蔓。一般采取单蔓整枝和双蔓整枝。单蔓整枝是在主蔓25~30节摘心，基部子蔓长到4~5厘米摘除，在11~15节上留3条健壮子蔓作结果预备蔓，结果蔓在第2雌花前留2片叶摘心，在主蔓的22~25节选留2~3条子蔓5叶时摘心，作二茬结果蔓，两茬结果蔓之间的子蔓全摘除。双蔓整枝是幼苗3~4片叶摘心。当子蔓长到15厘米左右，选留两条健壮子蔓，分别引向两根吊绳，其余子蔓全部摘除。在每条子蔓中部10~13节处选留3条孙蔓作结果蔓，每条结果蔓于雌花开放前在花前留2片叶摘心。子蔓20~25节摘心。

4. 人工授粉

人工授粉的最佳时间在8—10时，适宜温度为20~25℃。一般采取的授粉方法有毛笔授粉和雄蕊涂抹。授粉时要选取合适节位，一般选取子蔓上第2节及以后的雌花或孙蔓上第1节及以后的雌花。

(1) 人工辅助授粉。甜瓜应采取人工辅助授粉以促进坐果。具体做法是在晴天清晨采摘即将开放的雄花花蕾置于容器中，待其自然开放后，摘除花瓣，将扭曲状的花药对准柱头，轻轻均匀涂抹即可，授粉最好在气温升至20℃以上、8—10时进行。

(2) 激素处理。可用20毫克/千克防落素，于8—10时喷花或用毛笔蘸药涂抹果柄。注意药水中要加入红色广告色做标记。

(五) 采收

采收时根据不同的销售方式来确定采收期，就地销售时，应在完全成熟时收获。远途贩运，可在果实八九成熟时采收。采收应在果实温度较低的早晨和傍晚进行。

第九节　瓜类蔬菜病虫害绿色防控

一、瓜类枯萎病防治方法

1. 种子处理

播前用55℃温水浸泡种子10~15分钟或50%多菌灵可湿性粉剂500倍液浸种1小时，洗净再进行催芽播种。

2. 实行轮作

一般至少3年轮作1次。每年都要集中销毁病蔓、枯叶，并实行深翻改土。苗床及温室应每年换用新土。

二、瓜类叶枯病防治方法

1. 农业防治

避免与葫芦科作物连作，与禾本科作物实行2年以上轮作。收获后及时翻晒土地，清洁田园。用55~60℃温水浸种15分钟，或用80%“402”抗菌剂2 000倍液浸种2小时。加强栽培管理，重施基肥，合理施用氮磷钾复合肥，培育壮苗，增强植株抗病性。坐瓜期需水量大，可采用小水勤灌，严禁大水漫灌。

2. 药剂防治

预防可用60%吡唑代森联1 200倍液，或用70%代森联700倍液，或用20%噻菌铜500倍液，或用72%百菌清1 000倍液叶面喷雾。发病初期可选用10%苯醚甲环唑水分散粒剂1 500倍液，或用80%炭疽福美可湿性粉剂800倍液，或用20%噻菌铜500倍液，或用25%嘧菌酯（阿米西达）1 500倍液防治，每7~10天喷1次，连续喷2~3次。

三、瓜类霜霉病防治方法

1. 选用抗病品种

2. 加强田间管理

定植时选用无病壮苗，高垄地膜栽培。灌溉采取滴灌或膜下暗灌，生育前期切忌大水漫灌，要小水勤灌，灌水要在晴天上午进行，灌后及时排湿，要避免阴雨天灌水。结合灌水要适时追施肥料，促进生长。

3. 高温闷棚杀菌

一般在中午密闭温室、大棚2小时左右，使植株上部温度达到44~46℃，可杀死棚内的霜霉菌，每隔7天进行1次。

四、瓜类白粉病防治方法

1. 选用抗病品种

引进具有较强抗病性品种，与本地主栽品种轮换种植。

2. 加强管理

清理干净棚内或田间的前茬植株和各种杂草后再定植。培育壮苗，适时移栽，合理密植，保证适宜株、行距。发现病蔓、病果要尽早在晨露未消时轻轻摘下，将其装袋烧掉或深埋。

3. 药剂防治

以预防为主，在温室中一旦发生就很难根除。发病前或发病初期，可选用2%抗霉菌素水剂200倍液、15%三唑酮可湿性粉剂1 000倍液、40%氟硅唑乳油8 000倍液、50%硫黄悬浮剂250倍液等药剂防治，确保喷雾均匀，每7天施药1次。发病严重时可将以上农药缩短用药间隔期，改为3~5天用药1次。喷药次数视发病情况而定。

五、瓜类病毒病防治方法

1. 种子消毒

种子可用10%磷酸三钠浸种20分钟，水洗催芽播种或用55℃热水浸种，并立即转入冷水中冷却催芽播种。

2. 加强栽培管理

培育壮苗，提早育苗、种植和收获，以避开蚜虫及高温发病盛期；铲除田边杂草减少侵染来源，合理施肥和用水，做好田间清洁工作。

3. 蚜虫防治

用50%灭蚜乳油1 000~1 500倍液，或用4.5%高效氯氰菊酯乳油2 000~4 000倍液，或用25%唑蚜威（灭蚜灵）乳油1 000倍液，或用20%溴灭菊酯乳油4 000倍液等及时喷药消灭蚜虫。

4. 药剂防治

苗期、发病初期喷洒20%病毒A可湿性粉剂500倍液，或用1.5%植病灵乳油1 000倍液，连续喷2~3次。

六、瓜绢螟防治方法

1. 提倡采用防虫网

防治瓜绢螟兼治黄守瓜。

2. 清洁田园

瓜果采收后将枯藤落叶收集沤埋或烧毁，可压低下代或越冬虫口基数。

3. 人工摘除卷叶

捏杀部分幼虫和蛹。

4. 天敌防治

提倡用螟黄赤眼蜂防治瓜绢螟。

此外在幼虫发生初期，及时摘除卷叶，置于天敌保护器中，使寄生蜂等天敌飞回大自然或瓜田中，但害虫留在保护器中，以集中消灭部分幼虫。

5. 物理防治

加强瓜绢螟预测预报，采用性诱剂或黑光灯预测预报发生期和发生量；提倡架设频振式或微电脑自控灭虫灯，对瓜绢螟有效。

6. 药剂防治

在幼虫1~3龄时，喷洒2%天达阿维菌素乳油2 000倍液、2.5%敌杀死乳油1 500倍液、5%高效氯氰菊酯乳油1 000倍液等。

七、瓜蚜防治方法

1. 加强栽培管理

选择叶面多毛的抗虫品种，提早播种，及时铲除田边、沟边、塘边等处杂草，及时处理枯黄老叶及收获后的残株，清洁

田园，可消灭部分蚜源。

2. 物理防治

用黄板诱杀（每亩 32~34 块）成虫，或用银色膜趋避瓜蚜，覆盖或挂条均可。

3. 保护天敌

如各种蜘蛛、瓢虫、草蛉、食蚜蝇、蚜茧蜂等。

4. 药剂烟熏

保护地种植的瓜类，可选用药剂烟熏的办法。

如杀蚜烟剂，每亩每次用 400~500 克，分散成 4~5 堆，用暗火点燃，冒烟后密闭 3 小时，也可用 10%杀瓜蚜烟剂熏蒸，每亩用 300~500 克。

5. 药剂防治

蚜虫发生盛期，可采用 10%烯啶虫胺水剂 3 000~5 000 倍液；3%啶虫脒乳油 2 000~3 000 倍液；10%氟啶虫酰胺水分散粒剂 3 000~4 000 倍液；10%吡虫啉可湿性粉剂 1 500~2 000 倍液；25%噻虫嗪可湿性粉剂 2 000~3 000 倍液；10%氯噻啉可湿性粉剂 2 000 倍液；5%氯氰·吡虫啉乳油 2 000~3 000 倍液等杀虫剂进行防治。

八、黄守瓜防治方法

防治黄守瓜可提早瓜类播种期，以避过越冬成虫为害高峰期；成虫产卵盛期，在露水未干时，可在瓜株附近土面撒草木灰、石灰、锯木屑、谷糠等。防治幼虫掌握在瓜苗初见萎蔫时及早施药，以尽快杀死幼虫。在瓜苗移栽前后，掌握成虫盛发期，喷施 90%敌百虫可湿性粉剂 1 000 倍液、21%灭杀毙乳油 5 000 倍液 2~3 次。瓜苗定植后到 4~5 片真叶前用 2. 5%敌杀死乳油 2 000 倍液、48%地蛆灵乳油 1 000 倍液、烟草水（烟叶 500 克，加水 15 千克浸泡 24 小时）灌根防治幼虫。苗期受害影响较成株大，应列为重点防治时期。

第三章　茄果类蔬菜高质高效栽培与病虫害绿色防控

第一节　番　茄

一、露地栽培

（一）培育壮苗

壮苗是抗病、丰产、增收的基础，秧苗素质的好坏不仅直接影响花芽分化、花器发育质量，而且影响植株生长结果、商品性优劣及产量高低等。因此，应根据栽培季节和幼苗对环境条件的要求，适时播种育苗，加强苗期管理，满足幼苗生长发育条件，达到培育适龄壮苗的目的。

越冬苗壮苗指标：苗高矮适中，株高 20 厘米左右，茎粗 0.6 厘米左右，节间较短；具 7～8 片真叶，叶片舒展较肥大，叶色浓绿，叶柄短粗；现花蕾而未开放，子叶现黄未脱落；根系发达，无病斑，幼苗整齐一致。

夏秋苗壮苗指标：4 叶 1 心，株高 15 厘米左右，茎粗 0.4 厘米左右，30 天左右育成；叶色浓绿，无病虫害。

（二）整地施肥

番茄地最好选择土层深厚、疏松、富含有机质，排灌方便，未种过茄子、辣椒、马铃薯、烟草、花生的土壤，最好以水稻田为宜。

冬前尽早收获前作，深翻炕土，熟化土壤，提高土壤活力，为番茄生长发育创造良好条件。番茄植株生长中期怕涝，要求土壤湿度较低。定植前整地作厢，以深沟高厢栽培为宜。一般以 1.33 米开厢，沟宽 20 厘米，沟深 20 厘米，厢面 1.13 米，既利于排水，降低土壤湿度，又便于田间操作管理。

为了获得高产，增加收入，定植前必须施入充足的底肥，施用量一般占全生育期总用量的 60%以上。每亩施腐熟的堆厩肥、土杂肥 2 000~3 000 千克，粉末状过磷酸钙 40 千克，硫酸钾 20~25 千克，或用硫酸钾型三元复合肥 75 千克左右，再加入适量的人畜粪水拌匀堆制备用。底肥以沟施最好，在厢面中间开 20 厘米宽、20 厘米深的沟，沟土放在厢面两侧，然后将堆制的有机肥、氮磷钾肥均匀地施入沟中。如果肥源充足，每亩可再施 2 000 千克腐熟的人畜粪水，然后将厢面两侧泥土填入沟中，耙细整平。

开厢沟施底肥后，把厢面耙细，地膜与表土贴紧，盖平，四周用土压实。

（三）定植

合理密植是丰产的基础。过密，田间通风透光不良，秧苗生长纤弱，抗逆能力差，结果少而减产；过稀，虽通风透光，但浪费地力，种植株数少而降低产量。早春露地栽培土温回升到 12℃以上才能定植，夏秋栽培苗龄 30 天左右即可移栽。定植前喷施一次广谱性的农药（俗称“陪嫁药”），选择壮苗带土于晴天定植。栽培行距 66 厘米、株距 40 厘米左右，每亩定植 2 000~ 2 500 株。早熟品种适当密植，大棚栽培、嫁接栽培或中晚熟品种适当稀植。定植后浇施定根水或清淡粪水，以利缓苗成活。

（四）田间管理

1. 整枝

整枝是协调番茄植株枝叶（营养）生长和开花结果（生殖）生长关系的重要措施，应根据品种属性、植株生长习性、

栽培方式和目的决定整枝方式。

（1）单秆整枝。这是生产上常用的方法。一般定植过密、叶片肥大、着生较密、植株开展度大的中晚熟品种，多采用这种方法进行整枝。无论每窝定植 1 株或两株，在植株整个生育期中只留主秆开花结果，而其他所有的侧枝在萌发后陆续摘除。但叶片较小、着生较稀疏的品种不宜采用这种方法整枝，否则会由于叶片小、果实不易被覆盖而被太阳光直晒，形成不能食用的日灼果，降低产量。

（2）双秆整枝。每窝定植 1 株，在现大花蕾之后，开花之前，只保留第一花穗下的第一个侧枝，使其与主秆形成双秆开花结果，然后将双秆上着生的腋芽随生长陆续摘除。这种整枝方法多适用于早熟或早中熟品种进行早熟栽培，或叶片较小、开展度不大的品种，或秧苗种植过稀的田块。但这种方法存在行间、株间比较阴闭，通风透光稍差，田间管理不太方便等缺陷。

整枝、打腋芽最好在晴天气温较高时进行，一般在 10 时露水干后至 15—16 时整枝打腋芽，以利于伤口愈合；整枝打腋芽与上架同时进行，病株与健株分别操作，以减少传病机会；腋芽一般不超过 3 厘米长便及时摘除，既减少养分消耗又利于开花结果，而且伤口小，易于愈合，不损伤枝叶。

2. 立架绑蔓

番茄直立品种极少，多为蔓生，植株长到一定高度（约 30 厘米）时容易倒伏，在倒伏之前立架，将茎蔓绑在支架上，借助于支架支撑作用再生长、开花结果。若不立支架而匍匐在地面生长，通风透光不良，易受病害，开花、结果及果实商品性都差，而且产量低。因此应及时搭立支架。一般常用竹竿作架材，每株 1 根，距茎基部 7~8 厘米处插入土中 30 厘米深。以直立不易倒伏为度。生产上多采用“人”字形架、四脚架或篱圆形架，然后随植株向上生长而及时绑蔓上架。引蔓上架约 4 次，每次绑蔓松紧要适宜，不能勒伤茎或限制茎加粗生长，更不能将果实、叶片一起绑在架材上而影响开花结果。一般以晴天立架绑蔓最好，先健株，后病株，分别操作。

3. 摘心摘叶

当主秆5~6穗果时，在果穗上部留2~3片叶摘心。摘叶就是摘除老脚叶、病叶、植株间过密过多的叶片。

绑蔓与整枝、打腋芽及摘除丧失光合作用的老叶同时进行，以改善番茄田间通风透光条件，减少病虫的发生和为害，对开花结果和提高产量有显著效果。

4. 防止落花落果

引起落花落果的原因很多，早春气温较低，春旱较重，盛夏高温、多雨（湿），氮肥施用过多，植株徒长，或光照严重不足等易引起植株生理失调、花器发育不良或不能正常受精结果，出现落花落果。预防落花落果也应从多方面入手，一是采取各种农业技术措施，不误农时，加强田间管理，满足植株生长发育所要求的环境条件。二是辅以药剂防止落花落果，一般晴天露水干后，在花蕾“吐白”即将开放时，用30~50毫克/千克的番茄灵（对氯苯氧乙酸钠盐），或用10毫克/千克的2,4-D溶液涂花柄，可利于低温或高温下稳花稳果，提高坐果率和产量。番茄灵不易产生药害，使用方便、稳妥，在生产上广泛应用。2,4-D药液浓度不宜过大，只能涂花柄，不能喷花，更不能喷在茎、叶上，否则会因使用不当造成药害而严重减产。

5. 疏花、疏果

大果型品种每朵花都结果，将造成果小、增产不增收的后果。为了确保大果型品种果实大小一致、均匀整齐、商品性好、品质佳，在坐果初期将形状不整齐的畸形果和多余的小果疏去，每穗只保留2~4个果实，确保有充足的营养供果实生长膨大。早熟栽培时由于早春气温较低，第一花序畸形果较多，应尽早

疏去，一般留4穗果，每穗留前2~4个果；中晚熟品种根据气候、水肥条件、植株长势确定结果穗数，一般留5~6穗果，每穗留前3~4个果，其余的花和小果尽量疏掉。疏花疏果应在晴天露水干后进行，伤口易于愈合。

6. 水肥管理

番茄吸收能力较强，需肥量较大，且吸收量随植株生长量的增加而增加，需肥盛期也是番茄开花结果盛期。在追肥时，要结合土壤肥力、气候特点及植株长势进行合理追肥。追肥应以农家腐熟的有机肥为主，氮、磷、钾合理配合，在严格控制氮肥施用、降低果实硝酸盐含量的前提下，掌握“两头小，中间大”的追肥原则进行追肥，即定植后旱情较重时，应勤施、淡施促苗生长肥；开花结果盛期重施腐熟的人畜粪肥和速效的磷、钾肥；后期适量施入清淡的人畜粪肥，防止早衰，增加后期产量。一般定植后追施4~5次，便能满足植株生长对肥料的需要。开花结果之前，氮肥施用量不能过多，否则秧苗徒长，抗逆能力降低，易造成落花落果。施肥时不要损伤枝叶，以减少传毒传病机会，防止病虫为害，有条件的农户也可进行根外追肥，补充土壤施肥的不足。

（五）采收

番茄的采收应根据品种果实特性、商品果用途、运输的远近、包装材料等不同要求进行。采收时应重点保护果实的商品性，防止第二次污染，提高商品率。距市场近，应采收全红或九成红的果实，增加商品果的鲜度；距市场较远，需长途运输的，必须在果实红顶时及时采收，以便在运输途中自然成熟上市。采收时去掉果柄，防止果实刺伤而降低商品质量；按照果实大小，分级装运销售，切忌混采、混装、混运及混售，降低商品果价值，影响经济收入。

二、日光温室冬春茬栽培

（一）育苗

1. 种子消毒和浸种催芽

可用1.5%福尔马林溶液浸泡种子30分钟后取出晾干，用湿布包起来闷30分钟后，再用清水洗净药液，放入52℃的温水中浸泡20分钟，再在30℃水中浸种4~5小时。也可在52℃水中浸泡20分钟，取出控干水分，放入1%高锰酸钾溶液中浸泡10~15分钟后，用清水洗净再进行催芽。也可用常规温汤浸种法进行消毒催芽。催芽时用多层纱布或毛巾包好种子保持湿度，在25~30℃条件下催芽，一般48~60小时后出芽。

2. 播种

冬春茬番茄播种期依各地气候条件和温室性能等有所差异。华北地区一般在9月中下旬至10月上旬播种，黄淮地区于10月中旬至11月上旬播种。可将种子播在育苗床、育苗盘或育苗钵内。日光温室条件比较好，在温室内作畦播种即可。畦宽1米，长5~6米，畦埂高出畦面10厘米，畦内整平踩实后铺营养土，营养土配制可参考黄瓜营养土。播种前进行苗床消毒，每平方米用50%的多菌灵或五代合剂8~10克与适量细土混匀，播种时下垫上盖。播前苗床浇足底水，水渗后用细土覆平畦面，然后按每平方米50~60克种子均匀撒播，播后覆1厘米营养土。注意选晴天上午播种。

（二）定植

1. 整地施肥

温室亩施腐熟有机肥8 000~10 000千克，深翻40厘米，进行刨耙，使粪土混匀。整平后作畦，作畦和定植方法同黄瓜。

2. 定植

一般在11月下旬至12月上旬定植。定植密度依品种和整枝方法确定。采用常规单干整枝方法时，小行距50厘米，大行

距 60 厘米，株距 30 厘米，每亩留 3 500~3 700 株；采用连续摘心多次换头整枝方法时，小行距 90 厘米，大行距 110 厘米，株距 30~33 厘米，每亩留 1 800~ 2 000 株。

定植时按行距开沟，摆苗后培少量土，株间点施磷酸二铵，每亩按 40~50 千克施用。然后逐沟灌水，待水渗下后覆土封沟。

定植后 2~3 天进行松土培垄，并在小行间和两垄上盖一幅地膜。可用幅宽 80 厘米或 130 厘米的地膜覆盖小行间，两旁从定植株位置剪开拉到垄部进行覆盖，一般不打孔掏苗，以免损伤幼苗。

第二节　辣　椒

一、露地栽培

（一）播种育苗

1. 适期播种

（1）采用大（小）棚冷床育苗，适宜播期 10 月上旬；采用各种温床育苗，适宜播期 1 月中下旬。

（2）低中山区。鲜食辣椒采用大（小）棚冷床育苗，适宜播期 10 月中旬或翌年 2 月上中旬；采用各种温床育苗，适宜播期 1 月下旬。加工型辣椒一般育春苗，采用大（小）棚冷床育苗，适宜播期 2 月下旬；采用各种温床育苗，适宜播期 1 月下旬。

（3）高山区。采用大（小）棚冷床育苗方式，适宜播期 3 月上中旬；采用各种温床育苗方式，适宜播期 2 月下旬。

2. 培育壮苗

（1）育苗场地选择。育苗棚要求建在地势高、开阔，背风向阳，干燥、无积水、浸水，靠水源近，进出方便的地块。

（2）育苗方式。辣椒主要育苗方式有两种类型，一是塑料大（小）棚冷床育苗，这是目前生产上普遍采用的育苗方式；二是塑料大（小）棚温床育苗，这种育苗方式根据加温的方法可分为酿热温床育苗、电热温床育苗、水暖式温床育苗。

（3）育苗土准备。育苗土是进行辣椒育苗的基础，必须在播种之前做好准备。育苗土可以分为苗床土、营养土、基质3种类型，根据采用的播种方法，要求配制相应的育苗土。

苗床土配制：利用育苗棚内的土壤，要求是肥沃、疏松、富含有机质、保水保肥力强的沙壤土。在播种前撒施腐熟渣肥、人畜粪肥，与床土充分混匀，需进行苗床土消毒。

营养土配制：按未种过蔬菜的肥沃壤土6份与充分腐熟的农家肥4份的比例混合均匀，同时每1 000千克掺入10千克复合肥、50克百菌清或者多菌灵等药剂进行营养土消毒。

育苗基质：可购买商品育苗基质，也可自行配制。配制方法是用腐殖质（草炭、蔗渣、菌渣、秸秆渣）加一定量的蛭石、珍珠岩、磷钾肥等配制。如草炭6份、珍珠岩3份、蛭石1份，或腐熟有机肥1份、园土2份、腐熟锯末1份。每100千克加入复合肥3~4千克。

辣椒基质穴盘育苗选用72孔的育苗盘。

（4）种子处理。在播种前先将种子挑选晾晒，浸泡2小时，然后进行消毒。消毒的常用方法有温汤浸种：用2份开水兑1份冷水，浸泡15分钟。药剂消毒：用1%的硫酸铜液浸泡10~15分钟或10%磷酸三钠液浸泡15~20分钟，清水透洗2~3次。催芽：将消毒后的种子浸泡12~24小时后，用纱布或网袋包好，放置在灶台、恒温箱或电热毯等上，温度保持在28~30℃下进行催芽。在催芽过程中，应将种子包每天透洗1次，当60%种子破嘴露白时取出播种。

（5）播种。有撒播和穴播两种方法。撒播是将辣椒种子均匀地撒在苗床上，一般每平方米播6~8克种子；穴播是将种子

播在营养钵或穴盘中，一般每穴 1~2 粒。

（6）苗期温湿度管理。育冬苗的关键是控制好育苗棚内的温湿度，播种出苗后至冬至（12 月下旬），此期气温偏高，苗棚以敞风排湿为主；冬至至立春（2 月初），此期气温偏低，苗棚以保温为主，适当敞风排湿；立春至定植前，气温回升，苗棚应逐渐加大通风量，要结合炼苗。

（7）苗期病虫防治。苗期多发生猝倒病、立枯病、疫病、灰霉病、蚜虫、蜗牛等病虫害，应及时喷施农药加强防治。

壮苗标准：茎秆粗壮，根系发达，叶片肥厚，叶色（深）绿，苗高 15~20 厘米，单株可见叶 10 片左右，现蕾，无病虫害。

（二）整地施肥

1. 整地

栽植辣椒的地块在早春定植前一定要深翻炕土，开春后提早做好理沟作厢准备。

2. 基肥准备

将各种农家肥如渣肥、厩肥、绿肥及人畜粪等进行堆沤、充分腐熟，开春后在厢面中间开 30 厘米宽浅沟，将腐熟基肥施入沟中。

3. 重施基肥

辣椒要高产，必须施足底肥，多施有机肥、磷钾肥。一般亩施腐熟农家肥 2 500~ 3 000 千克、复合肥（N：P：K 为 15：15：15）50 千克、过磷酸钙 40~50 千克。农家肥、过磷酸钙以及 70%的复合肥作底肥，在盖地膜前一次性沟施。

4. 合理追肥

第一次追肥：缓苗后至初花期，亩施清粪水 1 500 千克（水肥之比为 3：7）。

第二次追肥：开花结果盛期，亩施浓肥 2 000 千克（水肥之比为 5：5），并加入钾肥 3~4 千克，将栽植行中间地膜划破进行施肥。

根外追肥：在开花结果期间，可用 0.2%～0.3%磷酸二氢钾叶面追肥 2～3 次。

5. 覆盖地膜

地膜栽培是提高辣椒产量、保肥、保水、保持土壤疏松、减少杂草和病虫害的一条重要技术措施。

盖膜要点：一是厢面土壤要充分耙细、整平、成龟背形；二是盖膜前下透雨或厢面要浇透水，土壤“收汗”后再盖膜；三是地膜周边用土压严；四是栽苗后浇定根水，封严定植孔。

（三）定植

1. 定植适期

要根据当地气温、秧苗大小来定。辣椒苗在地温 12℃以上根系才开始生长，夜温 15℃以上才开始初花，真叶达 5～6 片才容易移栽成活。

沿江河谷和浅丘平坝区：鲜食辣椒地膜早熟栽培，3 月中旬前后定植；大棚（小拱棚）+地膜覆盖，定植时间可提早到 2 月中旬前后。

低中山区：鲜食辣椒和加工型辣椒地膜栽培，4 月上旬前后定植。

高山区：鲜食辣椒和加工型辣椒地膜栽培，5 月下旬至 6 月上旬定植。

2. 栽植密度

（1）鲜食辣椒。1.1～1.2 米开厢（包一面沟），栽植行距 0.4～0.5 米，株距 0.3～0.4 米，单株种植，亩栽 2 800～3 000 株。

（2）加工型辣椒。1.3～1.4 米开厢（包一面沟），栽植行距 0.5～0.6 米，株距 0.4～0.5 米，单株种植，亩栽 1 900～2 600 株。

（四）田间管理

（1）理沟上厢，清除杂草。使田间排水通畅、无渍水，通风透光，减少病虫害发生。

（2）及时整枝。对鲜食辣椒品种及加工型辣椒的长尖椒类品种应进行整枝，保留第一台果以下生长的2~3个侧枝，其余侧枝全部摘除。

（3）插竿扶苗。在辣椒挂果时就插竿拉绳支架、绑枝扶苗，防止植株倒伏，保持田间通风透光。

（五）采收

（1）鲜食辣椒。每4~5天采收1次。果实充分膨大即可采收。

（2）加工型辣椒。红熟一批采收一批。泡椒加工，果实刚刚转色时采收；制酱加工，果蒂转红时采收；干制加工，果实全红变软时采收。

二、日光温室栽培

（一）育苗

（1）育苗方式。夏秋季露地遮阳网覆盖育苗或温室育苗。

（2）播种期及播种量。秋冬茬在6月下旬至7月上旬播种，冬春茬在10月下旬至11月上旬播种，每亩用种量75克。

（3）药剂浸种。先将种子用清水预浸5个小时，再分次捞出沥干放入1%硫酸铜溶液、10%磷酸三钠溶液、2%氢氧化钠溶液中各浸泡10分钟，以消毒灭菌，然后捞出用清水洗净，进行催芽。

（4）变温催芽。将经浸泡处理的种子用湿布包好，置于温暖处催芽。每天按28~30℃控制16~18小时，16~20℃控制8个小时，每隔12小时翻动并用30℃温水搓洗1次，使之受热均匀，以利发芽齐、壮。一般5~7天催芽，即可待播。

（5）苗床准备及播种。选择土质肥沃、排水良好、未种过茄科作物的地块建立苗床，每平方米苗床将晒干捣碎并过筛的菜园土或畜粪渣50千克作为营养土。播种前，浇足苗床底水，待水完全渗入后，铺层厚约5厘米的营养土，把催好芽的种子均匀撒在上面，再铺一层2~3厘米的营养土，浇适量的水，并及时覆膜，以增温保湿，促苗早、苗全、苗壮。

（6）苗期管理。待50%的种子出苗时撤去地膜，出苗后白天温度保持在25~30℃，夜间15℃左右。2片真叶适时分苗，苗距8厘米×8厘米，缓苗后适当降低温度，土壤见湿见干。定植前切块囤苗7~10天，促进根系发育。苗龄秋冬茬50~60天，冬春茬70~90天。

（二）定植方法

膜侧双行“丁”字形定植，浇好稳苗水，及时封窝，覆盖地膜，宽120厘米，每亩用量5千克左右。

（三）定植后管理

（1）温度管理。定植后为促进缓苗，要保持高温、高湿，白天28~30℃，夜间最低15℃。到开花结果、果实膨大期，适当降低温度，以白天26~28℃为宜。

（2）水肥管理。定植后4~5天，浇第一次缓苗水，连续中耕2次，深度约7厘米，近根处稍浅。中耕后蹲苗，促进根系纵深发展，此时如水肥过多，容易引起植株徒长，以后还容易造成落花落果。当门椒果实达到2~3厘米大小时，植株茎叶和花果同时生长，要及时浇水和追肥，每亩施腐熟的人粪尿肥500~1 000千克或15~25千克硝酸铵或尿素及5~10千克钾肥，并及时中耕提高土壤保肥能力。辣椒要比其他茄果类喜肥、耐肥，应多追农家肥增施磷钾肥，有利于丰产并能提高果实品质。盛果期要随水追肥2~3次，以利于果实充分发育，防止落花落果。

（3）植株调整。当株高约25厘米时，可将分杈以下叶片及这些叶腋上发生的侧芽全部摘除，以利通风透光。中期由促秧转向促果，及时打去底部老叶、黄叶、病叶和细弱侧枝，减少养分的消耗，有利通风透光。后期可用塑料绳吊枝或在畦垄外用竹竿水平固定植株，防止植株倒伏。

(4) 保花保果。在开花初期因温度偏低易落花，可用15~20微升/升2,4-D水溶液喷花。在门椒结果后开始每隔5~7天喷120微升/升亚硫酸氢钠，可控制光呼吸，减少养分消耗。

(5) 采收。辣椒的枝条十分脆嫩，采收时要防止折断枝条。门椒、对椒、下层果实应适时早收，以免影响植株生长。此后一般在果实充分长大、肉变硬后分批分次采收。

第三节　茄　子

一、露地栽培

(一) 播种育苗

茄子喜温暖，不耐严寒，是对育苗技术要求较高的蔬菜之一。播种至出苗前用薄膜覆盖，保温保湿；出苗后及时揭开覆盖物，通风透气，降低床土湿度和炼苗；待幼苗长出2~3片真叶，应及时匀苗；冬季（冬至到立春前）严寒时，大棚内应加盖小拱棚保温防寒，使茄苗安全越冬；立春后，加强水肥管理，适时炼苗。早春育苗，可在早期利用电热或水热温床保护设施进行加温，以促进幼苗的生长。早秋茄子育苗，正处于高温、多雨时节，应搭盖荫棚或遮阳网，以防暴雨冲淋和太阳暴晒。为了提高定植后的成活率，推荐采用50穴标准穴盘或营养钵等护根措施育苗，带土移栽。茄子苗龄40~45天（越冬苗可达3~6个月），具5~7片真叶，即可定植。茄子壮苗标准：具有5~6片真叶，叶色浓绿，叶片肥厚，茎粗壮、节间短，根系发达，无病虫害。

(二) 选地作畦，施足基肥

选择3年内未种过茄果类蔬菜，前茬以白菜、豆类、葱蒜类、瓜类和粮食作物的地块为好。如采用嫁接栽培，对前作要求不严。一般1.33米开厢作畦，结合整地作畦一次性施足基肥与底水，每亩沟施或穴施有机肥 3 000 千克、过磷酸钙 50 千克、氯化钾 30 千克，或商品有机肥 300~500 千克、复合肥 50~75 千克。覆盖地膜，压严膜缘。

（三）定植

茄子是喜温作物，要求温度较高。地温稳定在 15℃以上时，方可露地定植。早熟栽培最好采用塑料大棚或中小棚，再加地膜覆盖等保护设施进行栽培，可较露地地膜栽培提早 2~4 周定植。一般早熟栽培定植密度为 2 400~ 2 600 株/亩，露地或者早秋栽培定植密度为 2 000 株/亩，嫁接栽培为 1 000~1 200 株/亩。

（四）田间管理

（1）合理整枝。及时整枝，减少养分消耗，促进生长，可提高坐果率和前期产量。早熟栽培一般采用三秆整枝，以增加早期坐果数，提高早期产量。整枝方法就是保留门茄以下生长最旺盛的 1 个侧枝，其余侧枝都应尽早摘除。作为长采收栽培特别是嫁接栽培，可采用双秆整枝方法，以提高果实商品性。整枝方法就是将门茄以下所有侧枝全部摘除，仅保留两个主枝。在采收中期要及时摘除老、黄、病叶；在坐果后期及时摘心，促进果实迅速生长成熟，提升品质。

（2）稳花稳果。早春气温较低，不易坐果，可用 40~50 毫克/千克的番茄灵，或用 25 毫克/千克的 2,4-D 稳花稳果，提高茄子早期坐果率，增加早期产量。露地中熟栽培或夏秋栽培一般不施用保花保果药剂。

（3）及时追肥。为了使植株早缓苗、早生长、早结果、早成熟、早上市，田间管理以促进生长发育为主。缓苗后，追施一次促秧肥；在“瞪眼期”（第一台果长到直径为 2 厘米以上时）和门茄膨大期，各重施追肥 1 次，每亩施尿素 10~15 千克，与人畜粪水混施；四门茄生长期，喷施 0.2%磷酸二氢钾做根外追肥；四门茄收后，再冲施尿素 10 千克/亩，防止早衰，

提高后期产量。嫁接栽培，特别要加强水肥管理，保障植株健康生长，以提高产量。

（五）采收

茄子开花后一般20~25天即可采收。门茄适当早收，可防止和避免“小老株”的出现，提高门茄以上果实的坐果率和果实迅速膨大，增加前期产量和经济效益。茄子的采收成熟度极为重要，采收早了影响产量，采收晚了品质降低，还影响上部果实发育，容易产生坠秧现象。一般当果实与萼片连接处每天长出的白绿色接近消失时，茄子即已达到食用的最大限度，应及时采收。

二、日光温室栽培

（一）增强光照

1. 选择棚膜

选择无色透明塑膜做棚膜，有利于紫色茄果实着色，而带有浅蓝色膜或其他颜色膜，紫色茄的果实不易着色。

2. 适度密植及整枝

根据土壤肥力、品种特性、水肥条件等，一般建议早熟种每亩种植3 000~3 500株、中晚熟种每亩种植2 500~3 000株，多采用双秆整枝（即对茄以上，全部留两个枝干，每枝留1个茄子），适时摘除下部老叶，适时在顶茄上留2~3片叶后打顶。

3. 人工补光

大棚种植在每年11月至翌年4月，需采取增加光照措施。

（二）变温管理

一般晴天上午25~30℃，下午22~20℃，前半夜15~18℃，后半夜10~15℃，在阴天时可适当降低温度。

（三）水肥管理

1. 合理施肥

每亩地施5~6米^{3}腐熟有机肥做基肥，2/3撒施，1/3沟施；一般在门茄瞪眼后开始追肥，每层果花谢后追 1 次肥。

2. 叶面补肥

用 0.2%尿素和 0.3%磷酸二氢钾混合液，在苗期和开花结果期适量喷施。

3. 科学浇水

建议采用膜下暗灌技术浇水，宜在晴天上午浇水，水量不可大，防止大水漫灌，加强通风管理，降低湿度；注意天气预报，避免浇水后遇连阴天、雨天。发病初期适当控制浇水。

(四) 防止落花落果

为防落花落果，使用植物生长调节剂处理花朵。在果实膨大后，轻轻摘掉没有脱落的残花，以防感染灰霉病。及时采收果实。

第四节　茄果类蔬菜病虫害绿色防控

一、辣椒疮痂病防治方法

1. 合理轮作

露地辣椒可与葱蒜、水稻或大豆实行 2~3 年轮作；应选用排水良好的沙壤土，移栽前大田应浇足底水，施足底肥，并对地表喷施消毒药剂加新高脂膜对土壤进行消毒处理。

2. 种子消毒

播种前可用 55℃温水浸种 15 分钟后，移入冷水中冷却后催芽播种。

3. 加强田间管理

加强苗期管理，适期定植，合理密植，缩短缓苗期。应及时深翻土壤，浇水、追肥，促进根系发育，提高植株抗病力。并注意氮磷钾肥的合理搭配。

4. 药剂防治

发病初期和降雨后及时喷洒农药，常用药剂有 72%农用链

霉素可溶性粉剂 4 000 倍液，或用新植霉素 4 000~5 000 倍液，或用 2%多抗霉素 800 倍液，或用 14%络氨铜水剂 300 倍液，或用 77%氧化亚铜可湿性粉剂 800 倍液，或用 40%细菌快克可湿性粉剂 600 倍液等，重点喷洒病株基部及地表，使药液流入菜心效果为好。每 7 天喷 1 次，连喷 3~4 次。

二、辣椒细菌性叶斑病防治方法

1. 合理轮作

与非甜椒、辣椒、白菜等十字花科蔬菜实行 2~3 年轮作。

2. 平整土地

采用高厢深沟栽植。雨后及时排水，防止积水，避免大水漫灌。

3. 种子消毒

播前用种子重量 0.3%的 50%琥胶肥酸铜可湿性粉剂或 50%敌磺钠可湿性粉剂拌种。

4. 收获后管理

及时清除病残体或及时深翻。

5. 药剂防治

发病初期开始喷洒 14%络氨铜水剂 350 倍液、77%可杀得可湿性微粒粉剂 700~800 倍液，或用 72%农用硫酸链霉素可溶性粉剂或硫酸链霉素 4 000 倍液，隔 7~10 天 1 次，连续防治 2~3 次。

三、辣椒疫病防治方法

1. 实行轮作、深翻改土

土壤喷施“免深耕”调理剂，增施有机肥料、磷钾肥和微肥，适量施用氮肥，改善土壤结构，促进根系发达，植株健壮。

2. 选用抗病品种

种子严格消毒，培育无菌壮苗。

3. 大棚管理

栽植前实行火烧土壤、高温焖棚，铲除棚内残留病菌，栽植以后，严格实行封闭型管理，防止外来病菌侵入和互相传播。

4. 及时观察

发现少量发病叶果，立即摘除，发现茎秆发病，立即用200倍70%代森锰锌药液涂抹病斑并铲除。

5. 药剂防治

可使用可湿性粉剂77%可杀得400~800倍液、58%甲霜灵锰锌600倍液、64%杀毒矾500倍液，或用25%甲霜灵700倍液。也可用72.2%霜霉威水剂600~700倍液。尤其在5—6月雨后天晴时注意及时喷药。此外，还可进行药液灌根，可用50%甲霜铜可湿性粉剂600倍液，或用30%甲霜噁霉灵600倍液，或用25%甲霜灵可湿性粉剂700倍液，或用72%克抗灵可湿性粉剂600倍液对病穴和周围植株灌根，每株药液量250克，灌1~2次，间隔期5~7天。

四、辣椒灰霉病防治方法

1. 控制温、湿度

适当控制浇水，加强大棚通风，上午通风使地表水蒸发和棚顶露水雾化；下午适当延长放风时间，以排出湿气；夜间加强保温，防止结露过重。

2. 及时清除病残体

发现病果、病叶、病株要及时清除，带出田外深埋或烧掉。

3. 药剂防治

发病初期可采用喷粉防治。棚内湿度大时，每亩可用5%百菌清粉尘剂1 000克，傍晚关闭棚时喷撒。湿度小时，可用50%速克宁可湿性粉剂1 500~2 000倍液或50%腐霉利1 500倍液，交替使用，每隔7~10天1次，连用2~3次。

五、茄绵疫病防治方法

1. 种子消毒

选用抗病品种，播种前用50~55℃的温水浸种7~8分钟后播种，可大大减轻绵疫病的发生。

2. 实行轮作

合理安排地块，一般实行3年以上的轮作倒茬。

3. 精心选地

选择高燥地块，深翻土地，高畦栽培，覆盖地膜。

六、茄褐纹病防治方法

1. 加强栽培管理

实行轮作、深翻改土，结合深翻，增施有机肥料、磷钾肥和微肥，适量施用氮肥，促进根系发达、植株健壮。覆盖地膜，防止病菌传播。

2. 选用抗病品种

种子严格消毒，播种前用55~60℃温水浸种15分钟，捞出后放入冷水中冷却后再浸种6小时，然后催芽播种。也可用种子重量0.1%的50%苯菌灵可湿性粉剂拌种。

3. 药剂防治

进入结果期开始喷洒可湿性粉剂70%代森锰锌500倍液，或用75%百菌清600倍液。

七、番茄早疫病防治方法

1. 农业防治

选用抗病品种。重病区与其他非茄科作物进行2~3年的轮作。及时摘除病、老、黄叶，摘除病果，拔除重病株带出棚室外深埋或烧毁。高畦覆地膜栽培。合理密植，施足粪肥，增施磷钾肥，避免偏施氮肥。禁止大水漫灌，尽量采用膜下暗灌、滴灌或渗灌。

2. 药剂防治

先用1：1：300倍的波尔多液对幼苗进行喷洒后，再进行定植。定植后每隔7~10天喷1次。

八、茶黄螨防治方法

1. 加强田间管理

培育壮苗，适当增加通风透光，防止徒长、疯长，有效降低田间空气相对湿度，减轻为害程度。合理密植、高畦宽窄行栽培。

2. 水肥管理

施用腐熟有机肥，追施氮、磷、钾速效肥，控制好浇水量，雨后加强排水、浅锄。及时整枝、合理疏密。清除田间杂草及残枝落叶，减少虫源基数。

3. 药剂防治

茄果类蔬菜生长中后期就进入连续采收期，也正是茶黄螨发生高峰期，田间卷叶株率达到0.5%时就要喷药控制，喷药主要在植株上半部分的嫩叶、嫩茎、花器及幼果。可用1.8%齐螨素乳油3 000倍液，或用20%复方浏阳霉素乳油1 000倍液，或用73%炔螨特乳油2 500倍液喷雾，安全间隔期7~10天。

九、烟青虫防治方法

1. 农业防治

栽种烟草诱集越冬代成虫产卵。因越冬代成虫对烟草有较强的趋向性，可诱集越冬代成虫产卵，以利集中消灭。冬季翻耕灭蛹，减少翌年的虫口基数。人工摘除虫蛀果，以免幼虫转果为害。

2. 药剂防治

抓住防治适期，及时喷药防治。可选用灭杀毙 6 000 倍液或用 2.5%氯氟氰菊酯乳油 5 000 倍液，或用 2.5%天王星乳油 3 000 倍液，或用 2.5%敌杀死 4 000~6 000 倍液喷雾。喷药应在幼虫 3 龄之前进行，否则降低防效。

十、茄黄斑螟防治方法

1. 及时剪除被害植株嫩梢及果实

茄子收获后，清洁菜园，处理残株败叶，以减少虫源。

2. 生物防治

利用性诱剂诱杀成虫，每隔 30 米设一个诱捕器。

3. 药剂防治

幼虫孵化始盛期，可选用下列药剂进行防治。用 2.5%保得乳油 2 000~4 000 倍液；20%氯氰乳油 2 000~4 000 倍液；20%氰戊菊酯乳油 2 000~4 000 倍液；2.5%氯氟氰菊酯乳油 2 000~4 000 倍液；2.5%天王星乳油 2 000~4 000 倍液。注意交替轮换使用，严格掌握农药安全间隔期。掌握在幼虫 3 龄期前防治，施药以上午为宜，喷药时一定要均匀喷到植株的花蕾、子房、叶背、叶面和茎秆上。喷药液量以湿润有滴液为度。

第四章　豆类蔬菜高质高效栽培与病虫害绿色防控

第一节　菜　豆

一、露地栽培

（一）播种育苗

菜豆一般以直播为主，也可用温床或塑料薄膜覆盖催芽育苗移栽。菜豆既怕霜冻，又怕炎热，播种时间应以避开霜期和开花结荚期躲过高温为原则。

春季：直播一般在2月下旬至3月上中旬，选择饱满、大粒有光泽、无病虫害的种子，播种前晒1~2天，以提高种子出芽率。育苗移栽可在2月上中旬采用营养钵温床育苗，待根伸长至4~5厘米时进行移栽，并覆盖地膜，能达到早熟、高产的目的。

秋季：秋菜豆生长期正值高温干旱季节，且持续到8月中旬，播期选在7月下旬、大暑前后为宜，秋菜豆的花芽分化期在8月下旬开始。开花结荚期在9月上中旬，在9月下旬至10月上中旬采收。过早播种，气温高，花芽分化影响大，开花不易结荚，产量低；过迟播种，则开花结荚期推迟，气温渐低，易造成落花落果，产量不高。

（二）整地施肥

菜豆栽培应选择土层深厚、疏松肥沃、通透性良好的中性土壤。菜豆根系发达，主根入土深，所以播前应深翻炕土，以

利根系发育。菜豆是喜温暖蔬菜，为了防止春季雨多渍水，一般整地后做成深沟高厢，锄细整平。

菜豆根瘤菌不如其他豆类蔬菜发达，而在生长过程中又需要较多的磷、钾、钙等矿质养分和大量有机肥料，因此施足底肥是菜豆丰产的重要措施。一般播前亩施堆沤肥 1 000~1 500 千克和复合肥 25 千克，作底肥。底肥要与土壤充分拌匀，以免烂种烧苗。

（三）定植

菜豆的根再生能力弱，以子叶展开、真叶初现为移栽适期。畦面覆盖地膜，晴天定植，带土移栽，及时浇水，以利活棵。

矮生种：厢宽 2 米，厢面种植 5~6 行，窝距 26 厘米，每窝播 3~4 粒种子。蔓生种：厢宽 1.33 米，每厢种两行，窝距 33 厘米，每窝播 3~4 粒种子；也可 1 米作厢，每厢种一行，窝距 20 厘米。一般每亩 3 000 窝，每窝 3 株。可根据土壤肥沃程度，适当调整稀密度。

（四）田间管理

（1）追肥与中耕。由于底肥充足，一般追肥较少，掌握“花前少施，花后多施，结荚盛期重施”的原则，在氮肥使用上苗期应少量，抽蔓期至初花期要适量，生长旺期应控制施用；开花结荚后要增施磷、钾肥和进行根外追肥。一般追肥 3~4 次，第一次在定植后 3~4 天，每亩施 20% 的腐熟人畜肥 1 000 千克左右；第二次在定植后 15 天，每亩施 30% 的腐熟人畜肥 1 500 千克，并加施过磷酸钙 3 千克/亩、草木灰 50 千克/亩，最好开窝施入；第三次施肥在开花始期，根据苗架长势，酌情掌握，要严格控制氮肥施用；第四次在结荚盛期，此时有大量根瘤菌形成，重施一次追肥，利于果荚的迅速伸长，并用 1%~2% 的过磷酸钙浸出液与 0.2% 的尿素混合液进行根外追肥，以增加后期产量。

在进行追肥的同时，封行前要结合除草进行中耕，以保持

土壤疏松，利于根瘤菌生长。中耕以先深后浅为原则，以免损伤根系。

（2）搭架整枝。

①搭架。菜豆抽蔓时要及时上架，以“人”字形架最好。及时搭架引蔓上架，以利通风透光，促进开花结荚。引蔓宜在下午进行，不易折断藤蔓。

②整枝。及时整枝，减少养分损失，利于开花结荚。现蕾开花之前，及时将第一花序以下的侧枝打掉，中部侧枝长到30~50厘米时应摘心，利于开花结荚和果荚的成熟。

（3）防止落花落荚。菜豆落花落荚的原因很多，高温或低温直接影响花芽的分化，造成落花落荚；光照不足，同化率降低，开花结荚数减少；湿度过高过低，影响花芽的发芽力；养分不足，开花数减少，落花多，结荚少，畸形荚多。所以防止落花落荚必须采取综合措施。适期播种，使盛花期避开高温季节；栽培密度要恰当，这样可使通风透光好；施肥要氮、磷、钾配合施用，尤其要注意氮肥的合理控制；打掉过多的枝叶，开沟排水，及时采收；也可用15毫克/升的吲哚乙酸溶液喷花，降低落花率。

（五）采收

菜豆是以食嫩荚为主，所以采收必须及时。矮生菜豆一般在4月中下旬至5月下旬采收，蔓生种多在5月中旬至7月采收。采收初期3~4天采收1次，盛期每隔1天采收1次。一般谢花后10天左右即可采收。采收过迟，纤维增加，荚粗硬，品质变劣，且消耗养分；采收过早，荚未成熟，影响产量。

二、日光温室栽培

（一）播种

日光温室菜豆可于1月中下旬播种。播前将精选的种子晾晒12~24小时，再用福尔马林100倍液浸种20分钟，以杀灭种

皮上的炭疽病菌，用清水冲洗后播种。

播种前要提前整地施肥，每亩施优质有机肥 3 000 千克，过磷酸钙 30~40 千克，草木灰 100 千克。然后按 55 厘米行距开沟起垄，垄高 15 厘米，垄东西向延长，在垄上按穴距 25 厘米点播，点播前浇水，每穴点 3~4 粒，覆土 3~5 厘米厚。每亩播量 3.5~4 千克。

（二）播种后管理

（1）温度管理。播后要保持较高地温，以利出苗，白天室内气温控制在 20~25℃，夜间 15℃以上，温度不足时要及时加盖草苫、保温被等。幼苗出土后，可适当降低夜温，夜间保持 12~15℃。结荚期白天温度可适当高些，控制在 25℃左右。

（2）水肥管理。幼苗出土后因气温低，要视土壤水分情况浇水。当 3~4 叶出现，可结合插架浇一次抽蔓水，并随水每亩追硝酸铵 15~20 千克，以促抽蔓。此后到开花前期控水肥，进行蹲苗，以防茎蔓徒长和落花落荚。注意幼苗期浇水量宜小，当第一花序的幼荚长出后浇水，以后浇水量逐渐加大，每采收 1 次浇 1 次水，但要避开花期。每两次浇水可追 1 次化肥，每次按亩追硝酸铵 15~20 千克。现蕾期可用 0.05%钼酸铵溶液叶面喷肥，7 天喷 1 次，连续 3 次。结荚期可用 300 倍液磷酸二氢钾和 200 倍液尿素溶液交替喷叶，对增产有一定效果。

（3）植株调整。出苗后要及时间苗和补苗，一般每穴留 3 株。菜豆一般在 4~8 片叶开始抽蔓，应及时插架，可插“人”字形花架。进入结果后期植株衰老时，要及时打掉病、老、黄叶，改善通风透光，促进侧枝萌发和潜伏花芽的开花结荚。

（三）收获

温室菜豆播后 60~70 天开始采收，可连续采收 1~2 个月，管理得当，采收期可达 90 天左右，如在 3 月下旬至 7 月上旬均可供应。为了提高效益，充分利用温室土地，可在菜豆行间作油菜或套种小萝卜。油菜定植后 1 个月左右收获，小萝卜 50 天左右即可收获。这样不仅明显提高温室生产效益，并能为市场增添蔬菜花色品种。

第二节 豇 豆

一、露地栽培

（一）播种育苗

早春温度低，发芽缓慢，易受寒潮危害，造成烂种死苗，成苗率低。育苗移栽不仅能提早播种，而且出苗整齐，如结合地膜覆盖，可提早豇豆上市时间15天左右。为了保证上市均衡，春豇豆播种时间应分期分批进行。一般从3月上旬播种，5月育苗，这样可在5月下旬至7月上市。秋豇豆可在6月上中旬播种，8—9月上市。

秋豇豆的供应时间一般是8月、9月，秋豇豆播种到采收大约45天，所以一般在6月10日至6月底为适宜播期。秋豇豆生育期处于高温期间，育苗移栽不易成活，一般采取直播。播种前采用0.01%的稀土液拌种，待晾干后播种，提高出苗率。

豇豆育苗宜选择疏松肥沃的壤土，移栽时易成活，也可采用肥沃壤土装营养钵育苗。豇豆播种前一般不进行催芽，将种子直接撒播于苗床或播于营养钵内，盖一薄层细沙，然后浇水，并盖上小拱棚。幼苗出土前一般不揭棚，以保持床温，经5~6天，幼苗便可出土。待幼苗在床内生长6~7天就可移栽。

（二）整地施肥

豇豆忌连作，应选择未种过豆科作物的地块栽培。豇豆根系发达，主根入土深，须根分布于10~15厘米的表土层，吸收肥料能力强。早熟栽培宜选择向阳肥沃疏松、保水保肥能力强、排水良好的沙壤土。这种土壤早春土温回升快，利于根系生长，达到早熟的目的。中晚熟栽培选择有机质含量较高的壤土或黏壤土即可。播种前应深翻炕土、整地，以利豇豆根系生长。

施足底肥，既可促进豇豆根瘤菌的活动，提高土壤肥力，又可提高土温，促进春豇豆早发根、早成苗、早上市。为获得高产，必须重施底肥，播种前每亩窝施腐熟的堆渣肥 1 500 千克、腐熟人畜肥 2 000 千克、过磷酸钙 30 千克、草木灰 100 千克，或施史丹利复合肥 25 千克。底肥要与土壤混合均匀后才能播种或移栽。

（三）定植

豇豆耐旱怕涝，应进行深沟高厢栽培。春季采用 1.33 米开厢，厢面种两行，窝距 33 厘米；或采用 100 厘米开厢种一行，窝距 20~23 厘米，做到每亩 3 000 窝左右，每窝 3 株。早中熟栽培在播种或移栽后，应进行地膜覆盖，以利早熟、高产。

秋豇豆开展度较小，可适当密植。采用 1 米开厢，种单行，窝距为 16~20 厘米，厢间间套小白菜，既可提高土壤利用率，又能覆盖地面、降低土温、减少水分蒸发，有利豇豆生长。也可采用 1.33 米开厢，双行种植，株行距 30 厘米×66 厘米。

（四）田间管理

1. 追肥与中耕

豇豆在开花结荚之前对水肥要求不高，如水肥过多，则藤蔓枝叶生长过旺，开花结荚节位升高，花序减少。植株进入开花结荚盛期，水肥需求量增大，此时若缺水肥，就会出现落花落荚、茎蔓早衰的现象。因此，豇豆追肥要合理，应掌握“先淡后浓，先轻后重”的原则，看苗、看天、看地追肥。一般追肥 4~6 次，苗成活或直播出苗后，用 20%的腐熟人畜肥进行追肥，以后浓度逐渐增大，在开花结荚盛期要重追肥，采用人畜肥和尿素 5 千克/亩、过磷酸钙 10 千克/亩、草木灰 50 千克/亩混合追肥，保证高产，防止茎蔓早衰，延长采收期。同时在开花结荚期可用 0.03%浓度的稀土进行喷花，提高结荚率，增加产量。结合追肥，进行中耕除草 2~3 次，上架前的一次中耕应垒厢培土。

2. 搭架整枝

豇豆是藤蔓作物，需搭架。根据各地的自然条件和习惯，采用“人”字形架和单行架以利于通风透光，提高豇豆产量。

搭架应在藤蔓未相互缠绕前及时进行。豇豆藤蔓为左旋性伸长，引蔓上架要从左边向架上缠绕。

整枝、打杈是调节营养生长和开花结荚、提高豇豆产量的一项重要措施。主蔓第一花序以下各节的侧芽应一律打掉，以促进早开花。第一花序以上各节位，多数既有花芽，又有叶芽。花芽与叶芽的特征是：花芽肥大，苞叶皱缩粗糙，两芽并生。叶芽较小，火炬状，叶平展光滑。在前期应注意及时将花芽旁边的叶芽摘除，促进花芽生长。若无花芽而只有叶芽萌发，则只留 3~4 节间摘心，侧枝上即可形成一穗花序。水肥条件充足、植株生长旺盛的蔓茎，侧枝摘心不要过重，以便形成更多的花序。另外，还应打顶尖。主蔓达 2 米以上时，应及时打顶摘心，控制生长，促进花序上的副花芽形成，减少养分消耗，也利果荚生长。

（五）采收

豇豆豆荚从开花到生理成熟需 15~23 天，鲜豆荚在谢花后 9~13 天采摘为宜。采摘过迟，豇豆种子发育而消耗大量养分，不但影响植株生长和以后开花结荚，而且豆荚松软，质量降低，影响食用；采收过早，豆荚细小，影响产量。

豇豆每个花序都有两对以上的花芽，一般结一对荚，但在水肥条件充足、生长良好时，还可使一部分花芽开花结荚。所以采摘豆荚时，应按住豆荚茎部，轻轻向左右扭动，然后摘下，以免损伤花序上其他花蕾，更不能连花序柄一起摘下。一般 2~3 天采收 1 次，盛期应每天采收。

二、塑料大棚栽培

（一）塑料大棚春季早熟栽培

春季早熟栽培时，由于气温低，为提早上市，多采用育苗移植法来培育壮苗。

豇豆根系发达，要求疏松、通透性好的壤土或沙壤土，所以，宜选前2~3年未种过豆类蔬菜的大棚，深翻土地25厘米以上，每亩施优质有机肥5 000千克、氮、磷、钾三元复合肥100千克或过磷酸钙50千克、尿素10千克、硫酸钾15千克，均匀施入，做成宽1.2米的平畦。最好于定植前10~15天扣棚，可有效地提高棚内的气温和地温，并能杀菌杀虫。蔓生品种的行距多为50~60厘米，株距为20~25厘米，每穴留2株，每亩栽苗9 000株左右。

1. 定植

当棚内气温不低于4℃、地温稳定在10℃以上时选晴天上午定植，定植时开沟或挖穴浇水，顺水稳苗，待水渗下后，覆土封窝，并整平畦面，栽植深度以不露出土坨为宜。

2. 定植后管理

（1）温度管理。定植后密闭棚室3~5天，使白天气温达到28~32℃，夜间温度不低于16℃，利用高温，加速缓苗。缓苗后，开始通风，并将棚内气温控制在25~30℃，当温度高于30℃时，开始扒开通风口放风，当棚内温度降至25℃左右时，关闭通风口，夜间温度控制在15~18℃。苗期要尽量加速幼苗生长速度，温度管理以增温保温为主，防止低温对幼苗生长及花芽分化带来不利的影响，但也要防止温度过高时造成幼苗黄瘦，最终影响开花坐荚，降低产量。进入开花结荚期后，将棚内温度控制在白天25~32℃，超过35℃时开始通风降温，当外界夜间最低温度不低于15℃时，可敞开通风口，昼夜通风。

（2）水肥管理。定植后，勤中耕，疏松表土，提高地温，

促进发根，加速缓苗。底墒充足时，在三出复叶展开前一般不浇水，底水不足时，可于定植后 5~7 天在畦中间开沟浇缓苗水，水量要小，浇完后，拉平畦面。缓苗水浇过后，要加强中耕保墒；进入伸蔓期后，停止中耕，以防伤根。整个幼苗期的水肥管理以控为主；开花期不浇水，以防引起落花；待幼荚坐住后，需加大浇水、施肥量，以加快植株生长，促进幼荚的发育；结荚初期，每 15 天左右浇 1 次水，并每亩随水冲施硫酸铵 15 千克；结荚盛期，每 10 天左右浇 1 次水，并随水冲施氮、磷、钾三元复合肥 10 千克或腐熟人粪尿 400 千克；进入结荚后期，外界气温较高，视天气情况和土壤墒情，隔 10~15 天浇 1 次水，每次每亩随水追施硫酸钾 8 千克。整个结荚期间，需保持土壤湿润，但浇水量也不宜过大，以保持植株有较强的生长势，但不引起落花落荚为宜。合理的水肥管理，可增加产量，并延长采收期。

豇豆在开花结荚前，根瘤较少，固氮能力弱，故在苗期适量增施氮肥，可利于花芽分化，增加花数和提高结荚率；豇豆对磷、钾肥的反应较敏感，磷不足时，植株生长不良，开花结荚少，根瘤不易形成，会降低固氮能力；钾不足时，叶片发黄，植株早衰，对病害的抵抗能力下降，品质下降。因此，为保证高产，在施足基肥的基础上，必须增施磷、钾肥。

（3）植株调整。植株进入甩蔓期后，趁浇水之机，及时插架或吊绳，以便于茎叶均匀见光，并可避免茎叶相互缠绕，利于通风透光，减轻落花落荚；为减轻植株营养消耗，促进开花结荚，增加产量，常将第一花序以下的侧芽全部打去，以利花芽生长发育，但有时为了增加早期产量，多在侧蔓长出后，留 1~2 叶后摘心，利用侧蔓第 1 节形成花芽；在植株茎蔓长至架顶后，要及时打顶，并加大水肥量，以促进各花序的副花芽形成，可明显地提高产量；生长后期，要及时打去植株下部老、黄、病虫叶，以降低植株营养消耗，促进通风透光，并可防止病害发生及扩散。

(4) 采收。为保证产量，提倡及早采收。豇豆谢花后 7~8 天，嫩荚生长饱满，荚内籽粒尚未充分显露时采收为宜。第 1 对荚要早收，结荚盛期时每天采收 1 次，结荚后期，每隔 1 天采收 1 次，采收时动作要轻，以剪收法为最佳，以防其他花芽及嫩荚受伤，降低产量。

(二) 塑料大棚秋季延迟栽培

1. 品种选择

大棚秋季延迟栽培时，多选用耐热、抗病、丰产、品质优的蔓生品种，如张塘豆角、红嘴燕等。

2. 培育壮苗

前茬收获较早时，多采用干籽直播法；而当前茬收获较晚，来不及倒茬时，也可用育苗移植法培育壮苗。但是由于育苗期间正处于炎热多雨季节，土壤水分蒸发量大，并且雨水较多，所以需小水勤浇，保持地表湿润，另外，雨后要浇 1 次小水，可以降低地表温度，增加土壤透气性，利于出苗；播种后最好搭小天棚，以防漏雨。出苗前将苗床内温度控制在 25~30℃，出苗后适当降温，使苗床内温度保持在夜间 15~20℃，避免长时间高温。第 1 片真叶展开为定植或定苗适期。

3. 定植

前茬作物收获后，清洁田园，并深翻土地，施足基肥，由于秋季降雨多，为防田间积水，多做成小高畦，高 15~20 厘米，上覆地膜，或高垄栽培，垄间覆地膜。定植多选在晴天傍晚气温较低时进行，开沟或挖穴，先浇水，后栽苗，待水渗下后封窝。

4. 定植后管理

(1) 温度管理。由于苗期高温潮湿，所以定植后要将温度控制在白天 25~30℃，夜间保持在 15℃以上。当温度不能保证时，可用遮阳网覆盖的方式降温，以防温度过高，引起幼苗徒长。进入9月中旬后，随着外界气温的下降，要注意防寒保温，逐渐将大棚四周薄膜放下，并缩小通风口及缩短通风时间，通常棚内温度不超过30℃时不通风，当遇到寒流或当外界温度度降到2~5℃时，需在棚四周加围草帘等不透明覆盖物保温。当棚内最低温度降到5℃以下时，可将植株上嫩荚一次性采收，拉秧准备下年栽培。

(2) 水肥管理。定植后，由于高温多雨，土壤水分蒸发量大，为保证缓苗顺利，在土壤表现干旱时，要小水勤浇，保持地表湿润，雨后要补浇1次水，不仅可降低地表温度，还可增加土壤通透性，利于根系发育。生长前期，田间工作以中耕为主，促进根系下扎，加速植株生长，尽量在气温下降前形成较大的营养面积；至植株进入甩蔓期前，一般不浇水，不追肥；开花期不浇水，以防引起落花；当幼荚坐住后，开始浇水施肥，每隔15天左右浇1次水，每次每亩随水冲施硫酸钾15千克；进入结荚盛期后，由于气温已经降低，所以要减少浇水次数和浇水量，以保持地表湿润即可，可保持在每10~15天浇1次水，每次随水冲施氮、磷、钾三元复合肥10千克；结荚后期，一般不再浇水施肥。

5. 采收

采收应及早进行，以防嫩荚生长时间过长而坠秧，影响产量。结荚盛期，应保持每2天左右采1次，采收时动作要轻，以防震掉其他花芽或嫩荚；进入生长后期后，采摘可适当延后，在棚内温度降至5℃左右时，可一次性采收。

第三节　豌　豆

一、栽培制度与栽培季节

豌豆忌连作，应实行4~5年甚至8年的轮作。保护地栽培

多和番茄、辣椒套作，特别是在黄瓜后期套作，待黄瓜拉秧后即上架栽培。

二、露地栽培

（一）整地和施肥

豌豆的根系分布较深，须根多，因此，宜选择土质疏松、有机质丰富的酸性小的沙质土或沙壤土，酸性大的田块要增施石灰，要求田块排灌方便，能干能湿。

豌豆主根发育早而快，故在整地和施基肥时应特别强调精细整地和早施肥，这样才能保证苗齐苗壮。北方春播宜在秋耕时施基肥，一般施复合肥 450 千克/公顷或饼肥 600 千克/公顷、磷肥 300 千克/公顷、钾肥 150 千克/公顷。北方多用平畦，低洼多湿地可做成高垄栽培。

（二）播种

人工选择粒大饱满、均匀、无病斑、无虫蛀、无霉变的优质种子，播前翻晒 1~2 天。并进行种子处理，方法有两种：一是低温处理，即先浸种，用水量为种子容积量的一半，浸 2 小时，并上下翻动，使种子充分均匀湿润，种皮发胀后取出，每隔 2 小时再用清水浇一次。经过 20 小时，种子开始萌动，胚芽外露，然后在 0~2℃低温下处理 10 天，取出后便可播种。试验证明，低温处理过的种子比对照结荚节位降低 2~4 个，采收期提前 6~8 天，产量略有增加。二是根瘤菌拌种处理。即用根瘤菌 225~300 克/公顷，加少量水与种子充分拌匀即可播种。条播或穴播。一般行距 20~30 厘米，株距 3~6 厘米或穴距 8~10 厘米，每穴两三粒。用种量 10~15 千克/亩。株型较大的品种一般行距 50~60 厘米，穴距 20~23 厘米，每穴两三粒，用种量 4~5 千克/亩。播种后踩实，以利种子与土壤充分接触吸水并保墒，盖土厚度 4~6 厘米。

(三) 田间管理

(1) 水肥管理。豌豆有根瘤菌固氮，对氮素的要求不高。为了多分枝、多结荚夺取高产，除施基肥外，还应适时适量施好苗肥和花荚肥。前期若要采摘部分嫩梢上市，基肥中应增加氮肥用量，促进茎叶繁茂，减少后期结荚缺肥的影响。现蕾开花前浇小水，并追施速效性氮肥，促进茎叶生长和分枝，并可防止花期干旱。开花期不浇水，中耕保墒，防止徒长。待基部荚果已坐住，开始浇水，并追施磷、钾肥，以利增加花数、荚数和种子粒数。结荚盛期保持土壤湿润，促进荚果发育。待荚果数目稳定，植株生长减缓时，减少水量，防止倒伏。大风天气不浇水，防止倒伏。蔓生品种，生长期较长，一般应在采收期间再追施 1 次氮、钾肥，以防止早衰，延长采收期，提高产量。

豌豆对微量元素钼需要量较多，开花结荚期间可用 0.2%钼酸铵进行根外喷施 2~3 次，可有效提高产量和品质。

(2) 中耕培土。豌豆出苗后，应及时中耕，第 1 次中耕培土在播种后 25~30 天进行，第 2 次在播后 50 天左右进行，台风暴雨后及时松土，防止土壤板结，改善土壤通气性，促进根瘤菌生长。前期松土可适当深锄，后期以浅锄为主，注意不要损伤根系。

(3) 搭棚架。蔓生性的品种，在株高 30 厘米以上时，就生出卷须，要及时搭架。半蔓生性的品种，在始花期有条件的最好也搭简易支架，防止大风暴雨后倒伏。

(四) 采收

软荚豌豆在花后 7~10 天，须待嫩荚充分肥大、柔软而籽粒未发达时采收，采收期可达 20~40 天。嫩荚产量 800~2 000 千克/亩。采收硬荚豌豆青豆粒在开花后 15 天左右，须在豆粒肥大饱满、荚色由深绿色变淡绿色、荚面露出网状纤维时采收。如采收过迟，品质变劣。采收于上午露水干后开始。采

收时对于有斑点、畸形、过熟等不合格嫩荚均应剔除。开花后40天左右收干豆粒。

采食豌豆嫩苗或嫩梢的栽培方法，北方于立冬至清明在阳畦或温室播种。食苗豌豆的嫩梢一般在播种后30天左右，苗高16~18厘米，有8~10片叶时收割，以后每隔10~20天收割1次，可收4~8次。嫩梢产量700~2 000千克/亩。

三、大棚栽培

豌豆大棚秋、冬栽培是继大棚春提早拉秧后，利用豌豆幼苗期适应性强的特点，在炎夏育苗移栽，秋、冬采摘上市，供应秋淡市场的一种反季节栽培。

（一）育苗定植

在北方地区，大棚内前作拉秧后进行耕翻。施37 500~45 000千克/公顷厩肥，300~375千克/公顷过磷酸钙，全面撒施后，按照春、夏栽培方法整地、定植。

（二）水肥管理与中耕、培土

播种出苗后或秧苗定植后，到豌豆显蕾以前，要严格控制水肥，防止幼苗期徒长，是决定秋、冬豌豆丰产的关键环节之一。因为这个时期正值北方雨季，虽然大棚内无雨，但往往因通风口大或棚布漏雨和前作灌水多，使棚内湿度大，加之温度偏高，容易造成植株徒长。侧枝分化多，结荚部位上升。最终延迟采收，大大降低产量。所以除不灌水肥外，要加强中耕和培土。一般每隔7~10天就要进行1次中耕松土，到抽蔓时就应搭架。8月中旬以后，气候转凉，同时花已结荚，可以开始施肥灌水，每隔10~15天1次。至10月上旬以后，气温降低，可停止施肥。

（三）温度管理

在8月上旬以前要大通风，要将棚布四周和天窗开大些；8

月中旬以后夜温至15℃以下，就应将通风口缩小；9月中旬以后就只通天窗。这段时间内在白天和夜间一般能保持适温，也正是结果盛期。到10月中旬以后，只能在中午进行适当通风；到10月下旬，一般不通风，更要注意保温防寒。北方地区在不加温的大棚内，豌豆生长可维持到11月中下旬。

（四）收获

大棚豌豆栽培的目的是收获豆粒或嫩荚，只要豆荚充分肥大即可采收。但豌豆的豆荚是自下而上相继成熟，必须分期及时采收。过早过晚都影响品质，一般硬荚种，最适收获期为开花后13~15天，荚仍为深绿色或开始变为浅绿色，以豆粒长到充分饱满时为准。软荚豌豆以食嫩荚为主，一般在开花后7~10天即可采收，荚已充分肥大，而籽粒尚未发达时为宜。

四、栽培中易出现的问题与对策

豌豆易发生落花落荚问题，其原因与植株密度过大、水肥过多、营养生长过旺、开花期空气干热、遇热风或大风天气、开花期土壤干旱或渍水等因素有关。应选用优良品种，适时早播，并加强水肥管理工作，保证营养生长和生殖生长的平衡，以减轻落花、落荚。

第四节　毛　豆

一、露地栽培

（一）种植时间

毛豆栽培的品种是非常多的，品种不同，种植时间也不同。其中早熟品种一般选在春季播种，温度不高，管理起来较为方便，利于育苗，通常是2—3月播种，6—7月即可采收。中熟品种则是选在4—5月进行播种的，到8月前后即可采收。晚熟

品种则是在6—7月进行种植，9—10月就可采收。

（二）选地整地

种植毛豆要选择土层深厚、方便灌水、排水的地块，且要有充足的光照。为了保证毛豆旺盛生长，种植前先整地，先将地块中的杂物清理干净，施加农家肥，深翻地块，这样处理营养充足，土壤也松软，利于后期毛豆的生长。

（三）播种入土

毛豆种子要选颗粒饱满、没有虫眼的，播种方法很简单，一般采用穴播法，挖穴，每个穴里面放入3~4粒种子即可，播种后及时覆土，大概2厘米深，及时浇水，保证土壤有一定湿度，这样才可促使毛豆种子更好的萌发，后期旺盛生长。

（四）田间管理

毛豆苗期要保证充足的光照，最好控温在20~25℃，等幼苗子叶展开，长出真叶后就可进行定植。定植后需及时浇水、施肥，充足的水肥能促使豆荚更饱满，能提高产量。注意：毛豆惧怕水涝，若是遇到连续雨天，一定要做好排水工作，避免积水沤根。

二、早熟地膜覆盖栽培

选用台湾48、早冠、金丰二号、辽鲜、95-1等早熟品种，3月中下旬播种，加地膜覆盖或采用育苗移栽的办法。施肥整地及作畦的办法同早熟覆盖栽培。露地通风性好可适当提高播种密度，以株距20~25厘米、行距30~40厘米为佳，每穴播种2~3粒定植2株。因开花结荚期常遇高温干旱，栽培中应特别做好排灌工作。及时追肥减少落花落荚。另外，在远郊粮作地区，自3月中旬至6月上中旬均可进行栽培。

第五节 扁 豆

一、露地栽培

（一）种植时间

扁豆露地栽培的时间一般在夏季。不同的地区气候不一样，所以播种时间也不一样。如长江流域扁豆的种植时间一般是5—7月，华北地区的种植时间一般在6月左右。

（二）选种播种

播种时可以结合翻耕土壤，每亩施入腐熟农家肥3 000千克以及适量化肥作为基肥，肥料一定要和土壤混合均匀，将其耙平后再整地。

（三）田间管理

扁豆的耐旱力比较强，苗期需水量较少，伸蔓期和结荚期需水量较多，一般伸蔓期浇1~2次水，花荚期每10天浇1次水即可。

浇水后一定要及时进行中耕除草，同时结合追肥，这样能防止落花落荚或者徒长，花前施肥要少施薄施，花后结荚期施肥要重施。

中耕一定要浅，以防伤根，施肥时要将氮磷钾进行合理搭配，注意氮肥的施用量。

扁豆抽蔓前就可以搭架，或者抽蔓后用绳引蔓上架，引蔓一定要使茎蔓均匀分布在篱架上，当主蔓生长到1.5米时就可以进行整枝摘心，促使多发侧枝和侧枝生蔓，提早开花结荚。

二、大棚栽培

（一）种植时间

若在夏秋季节种植大棚扁豆，一般可在5月上旬至8月初种植，而在7月上旬至10月下旬进行采收。如果是在春季种植大棚扁豆，一般可在2月下旬至3月下旬进行育苗，而在3月下旬至4月下旬进行定植，在6月上旬至8月中旬采收。

（二）温度

扁豆是喜光作物，因此在开花结荚期间需要良好的日照，如果光线不足，会引起落花落荚。同时保证棚内温度适宜，加强通风，当温度高于28℃时会造成落花落荚，因此一般需将温度保持在20~24℃。

（三）合理浇水

在种植期间需根据扁豆的生长情况进行浇水，幼苗期需水量较少，在开花前主要以控水为主，若土壤墒情不佳，可在开花前10天左右浇1次小水，在开花结荚后，需水量会增大。注意不能过分控水，会导致落花落荚。

（四）合理施肥

施用肥料时，不宜施入过多的氮肥，过多易造成扁豆徒长，所以在施肥时需要控制氮肥的用量，增施磷钾肥。

第六节　荷兰豆

一、露地栽培

（一）整地施肥

荷兰豆根系发达，为确保荷兰豆的产量，露地种植应在上年的秋季，选择当年没有种过豆科作物的土质疏松、肥力较强、能灌能排、土壤酸碱度中性的地块。

每公顷施入腐熟的农家肥 30 吨左右、磷酸二铵 300 千克、硫酸钾 150 千克。深耕，耙平，起垄，垄宽 70 厘米，垄高 15 厘米。

（二）播种方法

1. 播期

一般在冬前整好地块，表土融化 10 厘米深时，即可顶凌播种。播期一般在 5 月初，最晚不迟于 5 月 10 日。

2. 播种

荷兰豆一般采用条播，在准备好的垄内开沟，沟深 3~4 厘米，把种子撒在沟内，种子距离 2~3 厘米，随即覆土镇压，覆土厚度 3 厘米左右，每公顷需种量 105~120 千克。

（三）田间管理

1. 植株调整

荷兰豆苗出齐后，应加强中耕除草和保墒，抽蔓到 5~6 片真叶时搭架引枝上架。搭架可采用骑单垄跨式搭架的方法，在一条垄的两侧各插一根架杆，插实，顶端用线绳对着绑好，每隔 2 米绑一对架杆，然后在垄的每侧距地 20 厘米的地方用结实的线绳在每根立杆上缠绕一周，直至把整条垄两侧都绑完，使荷兰豆苗保持在两侧的绑线内。待荷兰豆苗逐渐长高时，两侧绑线以 20 厘米的间距逐渐向上绑线，始终保持荷兰豆的茎在两侧的绑线内，以避免翻秧。为了加固，在每条垄的对杆上顺垄加横杆，绑实。

2. 水肥管理

荷兰豆苗期应适当抑制水肥，开花时及时灌水，在整个开花结果期注意适时浇水，结合追肥 2~3 次，每公顷随水追尿素 225 千克左右。

二、大棚栽培

（一）整地播种

播前亩施有机肥 2 000 千克、过磷酸钙 20 千克，耕翻整平后作垄或作畦。为增进早熟和下降开花节位，播前可先浸种催芽，在室温下浸种 2 小时，5~6℃的条件下放置 5~7 天，当芽长至 5 毫米时播种，干种子播后要及时浇水。采取条播，行距 30~40 厘米，株距 8~10 厘米，覆土 2~3 厘米，每亩矮生种用种量为 15 千克，蔓生种为 12 千克。

（二）田间管理

出苗前不浇水，出苗后营养生长期，以中耕锄草为主，恰当浇水，不干裂即可。蔓生种在蔓长 30 厘米时搭架。在现蕾前浇小水，花期不浇水。

荷兰豆有固氮能力，不需要很多肥料，但多数品种生长势强，栽培密度大，通常需要追肥 3 次，次于抽蔓旺长期施用，亩施复合肥 15 千克，或用人粪尿 400 千克；结荚期追施磷钾肥，亩施磷酸二铵 15 千克、硫酸钾或氯化钾 5 千克，增产效果显著。

第七节 豆类蔬菜病虫害绿色防控

一、豆类锈病防治方法

1. 认真处理残株

拔除前为防止孢子扩散，可在残株上先喷洒 1 次 50%萎锈灵可湿性粉剂 800~1 000 倍液或 30~50 倍液的石灰水，拔除后集中田间进行烧毁，事后在地面再喷洒 1 次。

2. 选用抗病品种

品种间抗病性有差异，可选种适合当地的耐病品种。

3. 合理轮作

种间轮作或作物间轮作，可降低发病程度。

4. 药剂防治

发病初期，喷洒50%萎锈灵可湿性粉剂1 000倍液、50%的粉诱灵可湿性粉剂1 000~1 500倍液、50%多菌灵可湿性粉剂800~1 000倍液、65%代森锌500倍液，每隔7~10天喷1次，共喷3次，都有良好的防治效果。

二、豆类炭疽病防治方法

1. 选用抗病品种

如早熟14号菜豆、吉旱花架豆、荷1512、芸丰623等抗病性强。

2. 药剂拌种

注意从无病荚上采种，或用种子重量0.4%的50%多菌灵或福美双可湿性粉剂拌种，或用40%多·硫（好光景）悬浮剂或60%多菌灵磺酸盐（防霉宝）可溶性粉剂600倍液浸种30分钟，洗净晾干播种。

3. 轮作消毒

实行2年以上轮作，使用旧架材要用硫黄熏蒸消毒。

4. 药剂防治

开花后，发病初开始喷洒25%溴菌腈（炭特灵）可湿性粉剂500倍液或25%咪鲜胺（使百克）乳油1 000倍液、28%百·乙（百菌清·乙霉威）可湿性粉剂500倍液、80%炭疽福美可湿性粉剂800倍液、75%百菌清（克达）可湿性粉剂600倍液、30%苯噻氰（倍生）乳油1 200倍液，以上药液交替喷洒，隔7~10天1次，连续防治2~3次。

三、豆类根腐病防治方法

1. 合理轮作

与麦类或非豆科类作物轮作倒茬。

2. 选用抗病品种

如麻豌豆、小豆 60、704 等较抗病。

3. 药剂拌种

用种子重量 0.25% 的 20% 三唑酮乳油拌种或用种子重量 0.2%的 75%百菌清可湿性粉剂拌种均有一定效果。

4. 药剂防治

在幼苗期如发现感病苗，尽快采取化学防治。用多菌灵草酸盐 800～1 000 倍液，或用枯萎立克+云大 120 稀释 500 倍液叶面喷雾效果也很好。发病初期喷洒 20% 甲基立枯磷乳油 1 200 倍液或 72%杜邦克露可湿性粉剂，但一定要掌握好一个“早”字，而且要喷雾均匀。发现病株及时拔除，用 77%可杀得 600 倍液或噁毒灵 5 克兑水 15 千克喷雾或浇灌。

四、菜豆细菌性疫病防治方法

1. 合理轮作

实行 3 年以上轮作。

2. 选留无病种子

从无病地采种，对带菌种子用 45℃ 恒温水浸种 15 分钟捞出后移入冷水中冷却，或用种子重 0.3% 的 50% 福美双拌种，或用硫酸链霉素 500 倍液，浸种 24 小时。

3. 加强栽培管理

避免田间湿度过大，减少田间结露的条件。

4. 药剂防治

发病初期喷洒 86.2% 氧化亚铜（铜大师）可湿性粉剂 1 000 倍液或 78%波·锰锌（科博）可湿性粉剂 500 倍液、40%细菌快克可湿性粉剂 600 倍液、40%农用硫酸链霉素可溶性粉剂 2 000 倍液、新植霉素 4 000 倍液、80%波尔多液（必备）可湿性粉剂 500 倍液，隔 7～10 天 1 次，连续防治 2～3 次。

五、菜蚜防治方法

1. 农业防治

蔬菜收获后及时清理田间残株败叶，铲除杂草。

2. 物理防治

利用蚜虫对黄色有较强趋性的原理，在田间设置黄板诱蚜；还可利用蚜虫对银灰色有负趋性的原理，在田间悬挂或覆盖银灰膜避蚜；也可用银灰色遮阳网、防虫网覆盖栽培。

3. 药剂防治

宜尽早用药，将其控制在点片发生阶段。尽量选择兼有触杀、内吸、熏蒸三重作用的农药，如10%蚜虱净可湿性粉剂2 000~2 500倍液，或用2.5%敌杀死乳油2 000倍液、10%吡虫啉3 000~4 000倍液、15%蓟蚜净2 000倍液、3%莫比朗3 000倍液、19%克蚜宝2 000~2 500倍液等喷雾。

六、豆荚螟防治方法

1. 合理轮作

避免豆科植物连作，可采用大豆与水稻等轮作，或玉米与大豆间作的方式，减轻豆荚螟的为害。

2. 灌溉灭虫

在水源方便的地区，可在秋、冬灌水数次，提高越冬幼虫的死亡率。

3. 及时收割

豆科绿肥及时收割，尽早运出本田，避开成虫产卵盛期；结荚前翻耕沤肥，绿肥留种地喷药防治。

4. 药剂防治

地面施药毒杀入土幼虫，以粉剂为佳，主要有2%杀螟硫磷粉剂、1.5%甲基1605粉剂、2%倍硫磷粉剂等每亩1.5~2千克。

第五章　白菜类蔬菜高质高效栽培与病虫害绿色防控

第一节　大白菜

大白菜又名结球白菜，因品种多、适应性广、产量高、耐贮运而备受人们喜爱。

一、露地栽培

（一）播种育苗

大白菜属种子春化型作物，苗期在2~10℃条件下经过10~15天即可通过春化。因此选择适宜的播期、保证苗期温度高于13℃是避免早期抽薹、获得高产的关键。

育苗可采用苗床或穴盘育苗。苗床育苗，选土壤肥沃、灌排方便、靠近栽培大田的土地作苗床。苗床一般宽1~1.5米，长8~10米。每亩大田需苗床20~25米²。苗床土要充分施肥，亩施腐熟厩肥100~150千克、硫酸铵2~3千克、过磷酸钙1~2千克。将肥料混合后撒于畦面，翻耕15~18厘米深，耙平耙细。为防烈日、暴雨，可在苗床上设遮阴棚。穴盘育苗，选择72穴的标准穴盘（长53厘米，宽27厘米）。基质可购买专用基质或自行配制。自行配制育苗基质可采用75%腐熟食用菌废料+20%珍珠岩+5%有机肥配制。将育苗基质装入穴盘中，将穴盘整齐地摆放在育苗床上。

(二) 整地施肥

(1) 整地。大白菜不宜连作，合理轮作对于减轻病害的蔓延具有重要意义。栽培大白菜一般选前作为黄瓜、四季豆、番茄等的地块。因为大白菜的根系较浅，对土壤水分和养料要求高，宜选择保水保肥力较强、结构良好的土壤。为了增强土壤的保水保肥能力，使土层松软，根系发育好，扩大吸收水分、养分范围，要求深耕。

(2) 施肥。大白菜的生长期长，生长量大，需要营养较多，要有肥效持久的肥料打基础，因此要重施底肥。以有机肥为主，因为有机肥对大白菜有促进根系发育、提高抗性的作用。还可适当配搭化肥。基肥的用量可根据前茬作物的种类、土壤肥力以及肥料的质量而定。一般每亩可用质量较好的厩肥 3 000~4 000 千克，或用堆肥 5 000~6 000 千克、过磷酸钙 15~25 千克、氯化钾 10~15 千克、复合肥 25 千克。

(三) 定植

秋冬大白菜和夏大白菜苗龄 20 天左右，春大白菜苗龄 30 天左右，叶片数 6~7 片，选晴天及时定植。整成畦宽 1 米，每畦种 2 行，依据不同品种确定栽培密度。栽前覆盖地膜，要求地膜平贴地面，栽后浇稀人粪尿作定根水，促成活，膜孔用泥土封实。

(四) 田间管理

(1) 水肥管理。大白菜是需肥较多的作物，应及时追肥。结球白菜生长期较长，不但需肥量多一些，而且氮、磷、钾应合理配合施用，才能形成充实的叶球。移栽成活后，用清粪水配 0.5%的尿素浇施，既抗旱又促苗生长。莲座期生长速度快，需肥量增大，一般每亩施人粪水 500~1 000 千克、复合肥 25~30 千克，或用尿素 10 千克、草木灰 50~100 千克，并配以适量磷肥。结球期是叶球形成盛期，需肥量最大，一般每亩施人粪

水 2 500~ 3 000 千克，尿素 15 千克，草木灰 50 ~ 100 千克，磷、钾肥 10 千克，混匀后在行间开沟深施。

（2）中耕除草。秋、冬季杂草多，生长快，消耗土壤养分，病虫害较重，必须及时中耕除草。一般在大白菜封行前按照“前期深，后期浅；行中深，近苗处浅”的原则进行，减少土壤水分蒸发，防止土壤板结，清除田间杂草。

（五）采收

叶球形成后应及时采收，若结球时间过长，易感病腐烂叶球。春大白菜收获越迟，抽薹的危险越大，且后期高温高湿软腐病和病毒病严重，因此尽量在 6 月上中旬之前收完。

二、日光温室栽培

（一）日光温室准备

棚膜应完整、不漏雨、地势高。在其周围挖宽 30 厘米、深 40 厘米的排水沟。在顶部棚膜接口处开 90 厘米宽的通风口。在棚脚也开 92 厘米宽的通风口，然后用纱网自西向东严密覆盖。如遇暴雨，通风口要及时关闭，北墙上的通风口要全部打开，用纱网遮盖，这样一方面可以通风降温，另一方面又可避雨、防虫。

（二）整地

作畦翻耕前，每亩施腐熟有机肥 4 000~5 000 千克和复合肥 25~30 千克，然后翻耕 20~25 厘米，整平后做成 50 厘米宽的畦。室内直播顺畦按 30~40 厘米株距开浅穴浇足水，水渗下后每穴播 3~4 粒籽，播后灌 1 次小水，第二天再灌 1 次，齐苗后灌第 3 次水，到拉“十”字时第 1 次间苗，3~4 片真叶时定苗，每穴 1 株，间苗和定苗后各浇 1 次水，确保苗齐苗壮，每亩 3 500~4 000 株。

（三）水肥管理

间苗后每亩施尿素 3～4 千克，莲座期亩施尿素 10～15 千克，施肥后立即浇水，以后视墒情每 4～5 天浇水 1 次。结球期亩用尿素 25～30 千克加腐熟饼肥 50 千克混合追施，此期要大量浇水，每 3～4 天 1 次；结球后期适当控水，浇水以傍晚为好。收获前 4～5 天停止浇水。

第二节 小白菜

小白菜又称青菜、油菜等。小白菜适应性强，产量高，供应期长，栽培容易，其产品鲜嫩、营养丰富，我国南北各地均广泛栽培，为最重要的叶菜之一。小白菜喜冷凉气候，种子发芽适温为 20～25℃，生长期短，植株生长适温为 18～20℃，耐热性较差；喜光照，在整个生长阶段都需要充足的水分。

一、露地栽培

（一）品种选择

可选用的小白菜品种如苏州青、上海青、四月慢、矮抗青、矮杂 2 号、矮杂 3 号、矮抗 1 号、中萁白梗菜、乌塌菜、矮脚黄、南京矮脚黄、瓢儿菜、白帮油菜、青帮油菜、油冬儿、夏白菜、坡高白菜等。不同地区应根据当地环境、品种特性及消费需求等因素选择品种。

（二）播种育苗

1. 苗床准备

苗床宜选择未种过十字花科蔬菜、保水保肥力强、排灌良好的田块，早春和冬季宜选择向阳、避风的田块，前茬收获后要早耕炕晒，以减轻病虫为害。整地之前要施足基肥，每亩施腐熟粪肥 2 500 千克、腐熟菜籽饼肥 50 千克。苗床宜采用深沟高畦，畦宽 2~2.5 米。每亩苗床播种量宜为秋季 0.75~1 千克，早春和夏季 1.5~2.5 千克。苗床与大田面积比宜为早秋季 1∶(3~4)，秋冬 1∶(8~10)。

2. 播种期

栽培上一般分为三季栽培。第一季为秋冬白菜，一般进行育苗移栽，以采收成熟的植株为主。江淮中下游 8 月上旬至 10 月上中旬、华南地区 9—12 月陆续播种，分期分批定植。第二季为春白菜，又分为“大菜”和“秧菜”（小白菜、鸡毛菜）。“大菜”于晚秋播种，适宜播期分别为江淮中下游地区 10 月上旬至 11 月上旬，华南地区可延至 12 月下旬至翌年 3 月。“秧菜”宜于早春播种。春白菜需要育苗移栽的，可以用塑料薄膜或冷床覆盖育苗。第三季为夏白菜，5 月上旬至 8 月上旬播种，播后 20~30 天采收幼嫩植株。

3. 苗床管理

秋冬小白菜一般采用露地育苗移栽法。苗床应选择阴凉通风处，必要时还要覆盖遮阳网以提高出苗率和成苗率。

二、遮阳网覆盖栽培

夏白菜栽培正值高温、炎热、暴风雨季节，一定要采用遮阳网覆盖栽培。夏白菜每亩播种量为 1~1.5 千克。小白菜播种齐苗后，需进行 2 次间苗、匀苗。

（一）整地、作畦、施基肥

小白菜栽培应避免连作，特别是育苗用地。土壤要翻耕晒干，并施用腐熟有机肥作基肥。通常畦面宽 1.7 米左右（包沟），沟深 30~40 厘米。在整地时，可用 33%二甲戊灵或氟乐灵 600 倍液，均匀喷洒以防治病虫害，浅耙表土。

（二）定植

苗龄一般不超过 25~30 天，但晚秋或春播苗龄宜 40~50 天。

大田定植株行距一般为20~25厘米。定植后应及时浇定根水，气温高时每天浇2次水，一般温度条件下每天浇1次直至成活。

采用大田直播时要求均匀撒播。“秧菜”栽培时，每亩播种量宜为1.5~2千克。

（三）田间管理

夏天或干旱季节应注意浇水，宜轻浇、勤浇，并以早晚浇水为宜。高温季节宜利用遮阳网进行覆盖栽培。高温、干旱季节，可水肥结合施用。追肥宜用20%浓度的腐熟沼气水肥浇施，每10~15天浇1次，追施两三次。第二次或第三次追肥时，每亩宜同时施入硫酸钾5千克。但秧菜（鸡毛菜）栽培时不宜追肥。注意最后一次施肥距采收之间的间隔应不少于30天，覆盖遮阳网的应在采收前5~7天拆除覆盖。

第三节　结球甘蓝

结球甘蓝简称甘蓝，其别名很多，如莲（花）白、洋白菜、包心菜、卷心菜、圆白菜等，是甘蓝类中栽培面积最大的蔬菜。利用不同生态条件和品种，排开播种，分期收获，可周年生产供应。

一、露地栽培

（一）播种育苗

（1）播种。播种时间是甘蓝栽培的关键技术之一，生产上往往由于春甘蓝播种过早导致未熟先期抽薹、秋冬甘蓝播种过迟导致不结球。因海拔高度不同而异，海拔每升高100米，温度降低0.6℃。春甘蓝海拔越低播期越早，海拔越高播期越晚；秋冬甘蓝海拔越低播期越晚，海拔越高播期越早。

（2）育苗。秋冬甘蓝播种时正值高温多暴雨的时期，大多

采用大棚加盖遮阳网避雨遮阳育苗。现在生产上多采用营养钵或穴盘育苗，条件差的地方仍采用育苗床育苗。

育苗方式如下。

①育苗床育苗。苗床选址：苗床地宜选择地势阴凉、排水良好、水源方便、肥沃疏松的地块。苗床制作：床土应深翻炕土，并用腐熟人畜粪作底肥，待土干后，整细耙平，按1~1.4米开厢，厢沟深15厘米（苗床四周排水），厢面平整略呈瓦背形。播种：按0.75~1千克/亩（1~1.5克/米^2）撒播。覆土盖膜：播种后，覆土0.8~1厘米厚，结合浇底水兑入70%甲基硫菌灵或50%多菌灵和2.5%敌百虫，以杀灭土中病菌和害虫，底水浇足。注意保湿遮阴。

②穴盘育苗。基质配制：可采用75%腐熟食用菌废料、20%珍珠岩和5%的有机肥混合配制。穴盘选择：甘蓝一般选用50穴的标准穴盘（长53厘米，宽27厘米）。装盘：按每1 000千克基质中掺入50克50%的多菌灵拌匀、洒湿，然后装盘，将装好的穴盘按每排两盘整齐地摆放在育苗床上待用。播种覆土：每穴播种2~3粒，播种后均匀覆土或基质0.8~1厘米厚，浇足底水。盖膜：覆土浇足底水后，在盘面上盖上一层遮阳网，保湿。

③营养钵育苗。营养土配制：选择未种过蔬菜、疏松肥沃的细土与充分腐熟的有机肥，按土肥比6：4的比例混合均匀。再按每1 000千克营养土中掺入50克甲基硫菌灵或多菌灵和2.5%敌百虫60克混合均匀，以杀灭营养土中的病菌和害虫。装营养钵：将配制好的营养土装入直径为6~8厘米的营养钵中，并将其均匀地摆放在苗床上。播种覆土：每穴播种2~3粒，播种后均匀覆土或基质0.8~1厘米厚，浇足底水。盖膜：覆土浇足底水后，在盘面上盖上一层遮阳网，保湿。

（二）整地施肥

最好选前茬为非十字花科作物的地块，土层深厚肥沃、疏松、保水保肥力强、排灌水方便的土壤。栽前应深翻炕土10天左右。采用深沟高厢栽培，畦宽130厘米、高约20厘米。亩施渣肥或腐熟人畜粪肥5 000千克、40%的复合肥100千克、过磷酸钙25千克作基肥。

（三）定植

当苗龄40天左右、苗高10厘米、真叶6~8片时，选晴天下午或阴天移栽。在定植前一天下午或当天上午喷水浇湿畦面或淋窝，定植后浇足定根水。早秋及秋冬甘蓝的定植期正逢高温干旱季节，定植后要根据天气、苗子及土壤湿度情况等及时覆盖遮阳网等遮阳降温，保证苗齐苗壮。

关于定植密度，合理密植的标志是：当植株进入莲座末期到结球初期时，莲座叶封垄，叶丛呈半直立状态。密度过大，则外叶增多，叶球不紧实。品种不同，栽培密度有差异。如西园四号、秋实1号栽培密度为每亩2 000~2 200株，行株距60厘米×50厘米；寒胜栽培密度为每亩2 700~3 200株，行株距50厘米×40厘米。

（四）田间管理

结球甘蓝喜湿耐肥，整个生长期一般追肥3次以上，追肥重点应在莲座期、结球前期和结球中期。第一次莲座期即开盘期，通过控制浇水蹲苗7~10天，促进根系生长。结束蹲苗后结合中耕除草追施1次粪水和亩施尿素3~5千克，同时用0.2%的硼砂溶液叶面喷施1~2次，促进叶片生长和结球紧实。第二次即结球前期，要保持土壤湿润，结合追施粪水亩施尿素2~4千克、氯化钾1~3千克。同时用0.2%的磷酸二氢钾溶液叶面喷施1~2次，促进结球和提高品质。第三次即结球中期，结合追施粪水亩施尿素2~4千克、氯化钾1~3千克。结球后期控制水肥，以防止裂球。

（五）采收

叶球停止膨大且紧实时，即可采收。雨水多时应及时采收，

避免因水分过多而造成裂球，或因冻伤而引起腐烂，影响产量和品质。

（六）春甘蓝的未熟抽薹和防治措施

（1）未熟抽薹。甘蓝在幼苗期至结球之前，遇到一定的低温影响，满足了其春化要求，一旦遇到长的日照就不形成叶球，而直接通过发育进入孕蕾、抽薹、开花、结实的现象称未熟抽薹或先期抽薹。这是秋播甘蓝越冬栽培的春甘蓝经常遇到的问题，植株抽薹后，就失去了商品价值，给生产者带来重大损失。

（2）防治措施。

①品种选择。选择冬性强的春甘蓝栽培品种，不易抽薹，如京丰一号、牛心 1 号等。

②严格掌握播种期。春甘蓝播种期一般安排在 10 月下旬末至 12 月初，如遇气温较高则播种期要适当推迟，气温较低可适当提前播种。

③选小苗移栽。春甘蓝大株最易通过春化阶段，即幼苗茎基部粗 0.6 厘米以上，叶 6 片以上，遇到 0~12℃的低温 15~30 天或 1~4℃的低温条件易通过春化阶段而发生未熟抽薹。因此可通过控制苗期施肥，适当进行假植（1~2 次），抑制幼苗大小。

二、日光温室栽培

（一）育苗

日光温室栽培甘蓝的茬次安排应根据市场需要和品种特性适当选择播种日期，日历苗龄以 60 天左右，生理苗龄以 8~10 片真叶为宜。

1. 播种

育苗可在阳畦或温室内进行。首先挖好苗床，按每平方米施入充分腐熟过筛农家肥 20 千克，与土混匀后整平。打足底水，覆细土后干籽播种，每平方米苗床播籽 5~8 克，播后覆细土1厘米厚。也可用相当于种子量0.4%福美双或代森锌拌种后播种。采用浸种催芽时，先用50℃温水浸种10~15分钟，搅拌至水温为30℃时，浸泡2~3小时，捞出用清水洗净、晾干，用湿布包好，在25~30℃条件下催芽，每天要淘洗、翻动1次，50%种子露白时即可播种。

2. 播后管理

播后白天温度20~25℃，夜间12~15℃；出苗后白天温度18~20℃，夜间8~10℃；幼苗长有3~4片叶时进行分苗，按(8~10)厘米×(8~10)厘米苗距分苗。分苗后提高温度，白天温度20~25℃，夜间10~15℃；缓苗后白天温度15~18℃，夜间10℃以上。当茎粗0.5厘米以上时，要避免长期10℃以下低温，以免通过春化阶段后引起先期抽薹。一般日光温室保温较好，先期抽薹可能性较小，但也必须注意在选择品种、合理温度管理和田间管理等方面加以注意，以防先期抽薹的发生。定植前10天左右可浇水切块，并炼苗，夜间最低温度可在8℃左右。

（二）定植

1. 施肥整地

结合整地，每亩施优质农家肥5 000千克，过磷酸钙20~30千克，然后做成150厘米宽的畦，畦埂宽30~50厘米，以便田间作业。按行距30~40厘米、株距30~35厘米定植，每亩栽5 500株左右。

2. 定植后管理

定植后缓苗前温度白天20~25℃，夜间15℃；缓苗后白天16~20℃，不超过25℃，夜间10℃。并加强浅中耕，促进根系的生长发育。定植时浇定植水，缓苗后土壤缺水要及时补充，浇水后进行中耕。可结合浇水每亩追硝酸铵10千克，结球期再追10~15千克硝酸铵。

（三）收获

当甘蓝叶球包实时可陆续采收上市。一般9月中旬至10月中旬播种，11月中旬至12月中旬定植，翌年1—2月即可上市。

第四节　花椰菜

花椰菜又称花菜、菜花，食用部分是花球，营养丰富，风味鲜美，粗纤维少，深受消费者欢迎。

一、露地栽培

（一）播种育苗

根据不同栽培季节，安排好适宜的播种时间。依地方条件选用不同的育苗方式，如育苗床育苗、穴盘基质育苗、营养钵育苗。冬季育苗采用大棚，注意保温；秋季育苗注意遮阳防高温。

（二）整地施肥

花椰菜对土壤营养条件要求比甘蓝严格，栽培地应选择向阳、土层深厚、保肥力强又不易积水的壤土或黏质壤土。定植前15~20天，深翻炕土，熟化土壤。施足底肥，每亩施腐熟人畜粪或渣肥2 500千克、复合肥50千克。底肥撒施田间后耕耙均匀（或窝施，要与土壤充分拌匀后，带土移栽），一般1.33米开厢植2行，窝距40~50厘米，每亩2 200~2 500株。

（三）定植

移栽时间应根据苗龄及花球上市时间决定。秋季栽培，苗龄40天左右，一般7月下旬至8月上旬移栽，10月中旬至12月中旬上市，晚熟品种至翌年1月、2月均有上市。春花菜栽培，苗龄50~60天，以10月中下旬播种、12月移栽为最佳，花球在4月中下旬大量上市。

(四) 田间管理

(1) 追肥。移栽后，秋花菜栽培（7—8 月）正值高温时期，应用遮阳网或其他覆盖物遮阳，待苗成活后揭去覆盖物。幼苗成活后，要勤施淡粪水，促进幼苗快速生长。在花球形成期，气温适宜，生长快，需肥量急增，于花球形成初期和中期重施追肥两次。每次每亩追肥一般用较浓的、腐熟的人畜肥 2 000 千克，加 5~10 千克尿素氮肥混合施用，满足叶簇生长，花球形成、膨大的需要。

(2) 中耕除草。一般进行 2~3 次（地膜覆盖除外）。在大雨后或追肥后进行较好。

(3) 束叶。是保证花球品质的重要措施之一（自覆盖品种除外）。一般在花球长出时进行，用花球外面的大叶将花球遮盖，再用稻草等物捆扎一圈，但不要损伤叶片，防止直晒或粉尘污染，以提高品质和产量。

(五) 采收

花球采收因品种而异。花球充分长大、球面圆正、花蕾紧实尚未散开即可采收。

二、日光温室栽培

(一) 育苗

日光温室栽培花椰菜一般选用早熟或中早熟品种。应根据上市时期排开播种，分期定植。可于 8 月中旬至翌年 1 月播种，供冬春淡季需要。日光温室花椰菜播种和苗期管理基本同大棚春菜花苗期管理，但苗龄较短，一般日历苗龄 40 天左右，幼苗长有 4~6 片叶时即可定植。

(二) 定植及定植后管理

1. 定植

定植前每亩施优质有机肥 3 000 千克，复合肥 50 千克，深

翻与土壤混匀，做成小高畦或小高垄。按行距50厘米，株距40~50厘米栽苗，每亩定植2 500~3 000株。

2. 定植后管理

定植后及时浇定植水，水量不宜过大，以浸透畦垄和苗坨为宜。定植后7~8天浇缓苗水，然后中耕促根。定植后15~20天进行追肥，每亩追三元复合肥30千克，现蕾后追复合肥15~20千克。主球采收后，要根据侧枝生长情况追肥，以利于侧花球的生长。

温度管理，苗期温度不宜过高，一般苗期至莲座期温度白天20℃左右，不超过25℃，夜间8~10℃，不低于5℃；花球形成期白天15~18℃，夜间5~8℃，并要加强通风排湿，减少棚膜结水，防止水滴掉在花球上导致烂花。

（三）收获

花球形成，小花蕾充分膨大，颗粒小而色深，紧密不散时为采收适期。如不及时采收，花蕾则很快开花，降低或失去食用价值。采收时每花球外可留3~4片小叶，以保护花球不受损伤。为了提高商品性，宜边采收边出售。若采收旺季，则应将花球放于0℃冷库中，要求相对湿度保持在95%，CO_2浓度不高于5%，乙烯含量低于20毫克/千克。在此条件下可贮藏1个月以上，而不影响商品性。

第五节　白菜类蔬菜病虫害绿色防控

一、白菜软腐病防治方法

1. 选用抗病品种

2. 适时播种

该病的发生与播种期关系密切，可根据当地气候条件适当调整播种期。

3. 种子消毒

150克种子用100克菜丰宁拌种；或用代森锌或福美双拌

种，其药量为种子量的0.4%。

4. 田间管理

精细整地、高垄种植；田间作业防止伤根、伤叶；包心后浇水要均匀，浇水前先清除病株带出田外，病穴撒上石灰或杀菌剂后再浇水。

5. 治虫防病，减少入侵伤口

6. 药剂防治

应提前喷药预防，已发病的地块应间隔一周左右连续用药3~4次。喷药时，应注意喷在接近地表的叶柄及茎基部。对病株重喷，包括周围地表和芽心，发病较重的地块可采取药液浇根。应用的药剂可选用下列几种：72%农用链霉素或新植霉素3 000~4 000倍液；50%代森铵可湿性粉剂600~800倍液；70%敌磺钠可湿性粉剂800~1 000倍液；DT杀菌剂700倍液；60%百菌通可湿性粉剂500倍液等。

二、白菜霜霉病防治方法

1. 选用抗病品种

抗病毒病的大白菜品种一般也抗霜霉病，可因地制宜选用。

2. 药剂拌种

用种子重量0.4%的50%福美双可湿性粉剂或75%百菌清可湿性粉剂或种子重量0.3%的阿普隆（瑞毒霉）35%拌种剂拌种。

3. 合理轮作

与非十字花科作物隔年轮作，有条件的地方可与水田作物轮作。

4. 药剂防治

苗期即应开始田间病情调查，发现中心病株后，立即拔除并喷药防治，在莲座末期要彻底进行防治。药剂可选用40%三乙膦酸铝可湿性粉剂200~300倍液；或用25%甲霜灵800倍

液，或用64%噁霜灵或50%瑞毒霉锰锌500倍液；70%乙膦铝锰锌可湿性粉剂500倍液，或用69%安克锰锌1 000倍液等。每7天1次，连续防治2~3次。防治时注意药剂合理交替使用。

三、白菜病毒病防治方法

1. 选用抗病品种

2. 调整蔬菜布局

合理间、套、轮作，发现病株及时拔除。

3. 适期早播

躲过高温及蚜虫猖獗季节。

4. 苗期防蚜

要尽一切可能把传毒蚜虫消灭在毒源植物上，尤其春季气温升高后对采种株及春播十字花科蔬菜的蚜虫更要早防。

5. 药剂防治

发病初期开始喷洒新型生物农药——抗毒丰（0.5%菇类蛋白多糖水剂，原名抗毒剂1号）300倍液或病毒1号油乳剂500倍液，或用1.5%植病灵Ⅱ号乳剂1 000倍液、83增抗剂100倍液，隔10天1次，连续防治2~3次。

四、菜青虫防治方法

1. 清洁田园

收获后及时清除田间残株老叶和杂草，深耕细耙，减少越冬虫源。

2. 人工捕捉

成虫可用网捕，发现幼虫和蛹可随手捕捉。

3. 生物农药防治

在幼虫2龄前，可选用Bt乳剂500~1 000倍液，或用1%杀虫素乳油2 000~2 500倍液，或用0.6%灭虫灵乳油1 000~

1 500 倍液等生物药剂喷雾。喷药时间最好在傍晚。

4. 化学药剂防治

幼虫发生盛期，可选用 20%天达防治。

五、小菜蛾防治方法

1. 合理布局

尽量避免大范围内十字花科蔬菜周年连作。

2. 田间管理

加强苗田管理，及时防治。收获后，要及时处理残株败叶，可消灭大量虫源。

3. 成虫有趋光性

在成虫发生期，可放置黑光灯诱杀，以减少虫源。

4. 生物防治

喷洒 Bt 乳剂 600 倍液可使小菜蛾幼虫感病致死。

5. 药剂防治

使用灭幼脲 700 倍液，或用 25%快杀灵 2 000 倍液，或用 5%氟虫脲 2 000 倍液，或用 24%万灵 1 000 倍液进行防治。注意交替使用或混合配用，以减缓抗药性的产生。

第六章　葱姜蒜类蔬菜高质高效栽培与病虫害绿色防控

第一节　大　葱

一、露地栽培

（一）播种育苗

大葱、分葱需要播种育苗，分葱、小香葱也可以靠分裂繁殖或直接栽葱头而不需要播种育苗。

（1）苗床地选择。葱育苗应选择地势开阔、向阳、土层比较深厚、疏松肥沃、排水良好、距水源较近的壤土作为育苗地，既有利于幼苗生长发育，又便于苗期管理。

（2）整地、作畦、施基肥。葱育苗时间较长，一般 80~90 天，幼苗密度较大。随幼苗的生长发育需肥量亦逐渐增加，播种之前施足基肥对培育健壮苗具有十分重要的作用。一般葱苗床地以 1.33~1.66 米宽开厢。畦面中耕炕土，施基肥一般用腐熟的有机肥 1 000 千克/亩、复合肥 75 千克/亩，与苗床土拌混均匀，锄细整平待播种。

（3）催芽播种。葱种子较小，种皮厚，吸水力弱，出土较慢。出土后幼苗生长缓慢，育苗期较长。在生产上大多采用种子消毒，浸种催芽，播种，培育健壮秧苗后再移栽到大田。

①种子消毒。将当年采收的种子用纱布包好置于 55℃ 温水中，自然冷却浸泡 8~10 小时；或用 55% 的多菌灵 500 倍液浸

种30分钟，然后用清水冲洗15~20分钟，再置于清洁水中浸泡8~10小时，使种子充分吸水，增强种子活力，促进种子萌动，为催芽做好准备工作。

②催芽播种。将消毒浸泡的种子置于冰箱冷藏室进行变温催芽。每天把种子取出用清洁水漂洗1次，一般经4~5天后出芽。种子出芽达80%以上及时播种。种子撒播均匀后，施清淡人畜粪水，再覆盖细石谷子土或育苗基质0.5~1厘米厚，以不见种子为宜，用地膜或塑料薄膜覆盖，保温保湿，促进种子迅速出苗。

(4) 苗期管理。加强苗期管理，才能培育出健壮的秧苗。播种后5~6天幼苗出土，揭去地膜，待子叶伸直后，浇施1次清淡猪粪，促进幼苗根系生长发育。春播幼苗生长期中气温逐渐升高，需水肥逐渐增大，应根据幼苗长势和土壤干湿程度，适当增加农家肥施用次数和施肥数量，使大葱秧苗健壮生长。秋播秧苗，应适当减少施肥数量，使根系和植株强健生长。幼苗具2~3片真叶，株高10厘米左右，假茎粗0.4厘米以下，既可安全越冬，又可防止幼苗过大引起先期抽薹。秧苗具5片真叶时匀苗假植，达到培育壮苗的目的。

(二) 整地施肥

(1) 土壤选择。在大葱栽培上，应选择向阳、疏松肥沃、保水保肥力强、排水良好、酸碱适度（pH值7~7.4）的壤土或沿江冲积土作为栽培土，或与其他蔬菜粮食作物轮作栽培，切忌连作。春播大葱定植后气温渐高，选择栽培土时还应选择距水源较近的壤土栽培，以利水肥管理。

(2) 整地筑沟。大葱软化栽培又分为长葱白、短葱白两种，在栽培上视土壤质地、培土方式、栽培沟深浅而异。必须沟植培土软化栽培，才能优质、高产。整地筑沟、施基肥、定植。前作收获后清除残株落叶及田间杂草，深翻炕土10~20天。分葱、小香葱栽培不必筑沟，以1.33~1.66米宽开厢，翻

耕后耙细整平便可定植。软化栽培必须筑沟，施基肥后再定植。

①筑沟。沟距的宽窄、深浅依土质、品种及收获时期而定。大葱软化栽培，沟走向一般以东西长较好，植株充分接受阳光，钢葱每沟隔 80 厘米开一沟，角葱每沟隔 40～50 厘米开一沟，沟宽 20 厘米，沟深 22～25 厘米，沟土放在田埂上，备软化培土用，沟底挖松 19～20 厘米，沟壁垂直，沟背拍紧，接沟距顺延开沟作畦沟。

②施基肥。畦沟做好后，在沟底施基肥。基肥以腐熟的有机肥为主，施 1 000 千克/亩，45%含量的高钾复合肥 50 千克/亩，与有机肥拌匀后施入沟底，基肥与沟底土壤混合均匀，锄细待定植。

（三）定植

当葱苗高 33 厘米、具 6～7 片真叶时即可定植。定植前除去病、弱苗和抽薹苗，选择叶片较多、高度一致的幼苗，分级定植。角葱 1 窝 3～4 株，窝距 8～10 厘米；钢葱 1 窝 2 株，窝距 3～4 厘米。葱苗靠壁或打孔，将葱秧茎部按入沟底松土内，再覆土埋至葱秧外叶分枝处，然后稍压紧，将葱摆在沟埂上，顺沟浇施清淡人畜粪水，使葱苗迅速返青成活。秋播在早春定植，春夏季播种则在播种后 60 天即可定植。分葱 1 窝 2 株，按 35 厘米×30 厘米的行窝距定植；小香葱 1 窝 3～4 个葱头，按 30 厘米×25 厘米的行窝距定植，窝内葱头距离 6～7 厘米，亩需葱头种子 50～60 千克。

（四）田间管理

1. 培土

大葱定植后，随着植株向上生长，应进行分次培土，使入土部分假茎不被阳光照射而逐渐变白，增加葱白长度，达到软化栽培的目的。

（1）培土时期及厚度。大葱软化栽培一般培土 3～4 次为宜。第 1 次培土在葱株旺盛生长之前，将沟壁泥土拌细，填沟

深的一半；大葱植株旺盛生长时期，进行第2次培土，把沟壁泥土削下拌细，将沟填平；再间隔15天左右进行第3次培土，将壁土耙细培在葱株基部形成低埂；再间隔15天左右进行第4次培土，将余下的埂土挖松耙细填在低埂上形成高埂。通过4次培土，使栽葱的沟变成埂，取土的埂变成沟，大葱植株随培土次数的增加而向上生长，葱白逐渐增长，品质、商品性和产量逐渐提高。

（2）培土时值得注意的技术问题。每次培土宜在早、晚或阴天进行，防止高温引起烂苗而降低产量。培土时先将葱苗挑起来，以免泥土压倒或损伤葱苗，影响大葱生长发育。若遇夏季高温时，培土宜浅、宜松，增加土壤通透性能，利于葱株生长。最后1次培土时如果遇上低温时期，可将葱杈（雅雀口、葱心）以上10厘米通过培土埋入土中，既增加葱白长度，又可减少冻害损伤。其余前3次培土泥土埋没到葱杈为度，有利于大葱生长。

2. 中耕除草

大葱定植后，结合培土进行中耕除草，清除田间杂草，增加土壤通透性能，保持土壤肥力，促进大葱植株生长。分葱、小香葱移栽前用施田补、乙草胺进行土壤处理，防治分葱杂草，在分葱生长期间用禾草克、精稳杀得喷雾防除禾本科杂草。

3. 追施水肥

（1）大葱水肥管理。应根据葱株生长发育和气候变化情况，不误农时地加强水肥管理。春播大葱定植后多处于夏季高温时期，随温度升高植株生长逐渐缓慢，应适时适量浇施腐熟的清淡畜粪水，使葱株能正常生长。每次施肥不宜过足过量，防止葱苗徒长而倒苗。若遇暴雨，要及时理沟排水，清除田间积水。秋后到冬季，气温逐渐降低，葱株进入旺盛生长时，应结合第2、第3次培土进行追肥，以适应葱株生长发育的需要。

（2）分葱、小香葱水肥管理。在葱株活棵后及时追施薄粪

水或亩施尿素 5 千克作促蘖肥。由于分蘖吸收水肥的能力较弱，不耐浓肥与旱、涝，水肥必须少施、勤施。一般 12~15 天追施 1 次，每次掌握尿素 5~8 千克、氯化钾 4~5 千克。施肥与浇水相结合，保持土壤湿润。收获前 15~20 天增施氮肥，正常亩用尿素 15 千克，同时喷施壮三秋或喷施宝等生化制剂，以促植株嫩绿。

（五）采收

大蔥从幼苗期至葱白形成时期，随市场销售行情，均可陆续采收上市。大葱栽培季节不同，栽培方式不同，生长期长短不同，其含水量和耐贮运性也不相同。露地不培土栽培、生长期短、含水量较高、收获较早的春播大葱含水量较高，不耐贮藏运输；生长期较长、培土次数较多的软化栽培，立冬前后采收的大葱，含水量较少，品质好，产量较高，耐贮运性强，经济效益较高。因此，距销售市场较远的区县菜区，适宜发展大葱软化栽培，增加葱白长度，提高商品性和品质，增强耐贮运能力。

分葱、小香葱栽后 3 个月株丛繁茂，达到采收标准时即可采收。采收前 1 天在田间适量浇些水，起好的葱株去枯、黄、病叶，收获后适当晾干葱表水珠，及时用通透性好、大小适中的竹筐或塑料箱装箱运输，严防挤压，减少腐烂损失。

二、日光温室栽培

（一）培育壮苗

1. 苗床准备

为了方便，可在靠近定植畦的生产畦上育苗，每亩施优质农家肥 5 000 千克左右。若前茬是果菜类品种，可适当减少施肥量，与床土混合均匀，整平畦面。

2. 播种期

一般选 7 月 1—10 日露地播种。育苗播种过早，采收时小葱长得过大失去意义；播种过晚，产量低，影响经济效益。

3. 播种量

根据计划栽植温室的面积确定育苗面积。一般 5 米^{2}的葱苗可定植 10~15 米^{2}生产地。5 米^{2}的苗床需播种当年采收的大葱种 25~50 克。如果用陈葱种，要加大播种量。因为陈葱种即使出苗其抗逆性也差，遇到旱、涝等不利条件易烂根。

4. 播种方法

可用撒播法或条播法。撒播法：在平整的畦面上均匀撒上种子后盖一层过筛的细土，厚度 1 厘米，踩实，浇透水。条播法：在宽 1 米的畦上按行距 20 厘米开沟，沟深 2~3 厘米，开好沟后沿沟均匀撒上葱种，将种子盖严实，并用脚将播种沟踩实，浇透水。

5. 播种后的管理

幼苗拱土时浇一遍水，以利出齐苗，以后根据天然降雨及土质情况浇水，见干见湿。在小葱高 6~7 厘米时开始拔草，此时草高 3 厘米左右，肥大易拔，8~10 天拔 1 次，拔 2~3 次。

（二）定植

8 月末 9 月初苗高 25 厘米左右，有 3~4 叶，茎粗 2~3 毫米时定植到日光温室内的畦上（此时日光温室未扣棚膜）。畦内不缺肥可直接定植，若缺肥可亩施腐熟有机肥 5 000 千克左右与畦土翻耙混合均匀，搂平。葱苗起出后按粗细分等级，分别栽植，以便管理。栽前去掉葱尖 6~8 厘米，利于缓苗。穴栽，每穴 2~3 株，栽植深度 3~4 厘米。

（三）田间管理

定植当天浇定植水，7~10 天后浇 1 次缓苗水，再往后 10 多天浇 1 次水。为使葱苗均匀整齐，对小苗弱苗，可适当增加灌水次数并追施少许氮肥。扣棚前先浇 1 次水，扣棚后不再浇水。根据天气情况在 11 月初至 11 月中旬扣上日光温室棚膜。此时葱叶经过霜冻已失绿变枯黄，在离地面 3 厘米高处剪去枯叶，等待发出新葱叶。小葱生长适宜温度白天20~25℃，夜间5~6℃，高于25℃要放风，否则棚内温度过高，小葱易徒长倒伏。11月底，外界气温开始降低，为保持棚内适宜温度，在棚膜上加盖纸被和草苫。

（四）采收

1月初，小葱高30厘米左右，茎粗1~1.5厘米，3~4片叶时即可采收。

第二节　姜

一、露地栽培

（一）种姜处理

选择块大肉厚、表皮光滑、不干缩、芽完好无损伤、无病虫或无冻伤的健壮姜块做种。2月下旬至3月上旬晒干种姜表皮水分后，进行种子消毒，然后催芽。一般用温床催芽，或炉灶余热（熏姜灶）催芽。在催芽时，应保持20~28℃的温度，前期控制温度在20~22℃，中期25~28℃，后期22~25℃，相对湿度70%~80%，20天左右便可出芽。

（二）整地施肥

选土层深厚、土壤肥沃、近水源、排水透气性好的地块，前作收获后，立即深翻土壤。立春前后满土泼施浓度大的人畜粪5 000千克/亩作基肥，雨水节前再深翻1次土，耙细整平。姜田四周深理边沟。有以下3种栽培方法。

（1）埂子姜。在雨水节开始挖掏筑埂。埂子长4米左右（不宜太长），高25~34厘米，埂基宽26~30厘米，姜沟宽10~13厘米，连沟带埂40厘米左右。姜沟中间略高，两头略低，以防积水。埂要筑紧实，筑好后用地膜遮盖（防雨水冲刷）

备用。

(2) 平畦姜。开 33 厘米深的厢沟，采用株行距（17~26）厘米×（36~66）厘米进行栽培。

(3) 窝姜。按株行距 33 厘米×33 厘米、窝深 25 厘米打成错窝。

不论用哪种栽培方法，整地时都要考虑方便田间管理操作和夏季搭棚遮阴。

(三) 定植

定植前，整地开厢，平畦栽培 1.5 米包沟开厢，每厢种 3 行；沟栽按行距 55~60 厘米开沟，沟宽 25 厘米。结合开厢窝施或沟施基肥，一般每亩施腐熟的豆饼肥 5 千克、堆沤肥 130~170 千克、草木灰 7 千克、碳酸氢铵 1 千克，肥土拌匀后即可定植。定植前，将催芽的姜种分成 35~50 克的小姜块，每块姜种上留有 1~2 个壮芽。一般 5 月上中旬晴天定植。平畦栽培，行距 55 厘米，株距 20 厘米，每亩植 6 500 株。定植后，在姜种上施少许腐烂的渣肥后再盖 3~4 厘米细土，然后施定根水，覆盖薄膜，促芽迅速生长。

(四) 田间管理

幼苗出土后，及时揭膜，当苗高 13~16 厘米时，施肥增土，促进植株生长。以后间隔 15~20 天施肥培土 1 次，前期宜淡，中期宜浓，后期施肥量适当减少，每次施肥可加适量氯化钾、草木灰或复合肥。5—6 月多雨季节，搭架遮阴，理沟排水，促进嫩姜生长。6—7 月气温高，旱情渐重，应勤施淡施腐熟人畜粪水，使嫩姜生长健壮，提高品质和产量。

(五) 采收

嫩姜一般 8 月上旬至 9 月上旬采收，亦可根据市场行情适时采收。采收过早，品质好，产量低。老姜必须在霜降到来之前采收，否则受冻引起腐烂。

二、大棚栽培

（一）大棚建造

选择地势平坦、交通便利、排灌方便、近3~4年未种过生姜的地块建造大棚，要求土层深厚、地下水位低、有机质含量高、理化性状好、土壤保肥保水能力强、pH值5~7。多采用竹拱架结构大棚。一般棚宽6~8米（栽10~14垄姜），柱高0.7~1.4米，长度因地制宜确定。依地形可采用南北向或东西向开沟起垄种植。生姜栽植前7~10天盖好棚膜升温。夏天搭遮阳网给生姜遮阳。入秋后撤掉遮阳网，采收前30天左右盖塑料薄膜，生姜收刨前将薄膜撤掉。

（二）种姜处理与催芽

（1）晾种、挑种、掰种。播前25~30天从姜窖中取出种姜，一般每亩准备种姜300~400千克，放入日光温室或20℃室内摊晾1~2天，晾干种姜表皮，清除种姜上的泥土，并剔除病姜、烂姜、受冻严重的失水姜，选择姜块肥大、皮色有光泽、不干缩、未受冻、无病虫的健壮姜块作种，摊晾后掰姜，单块重以50~75克为宜。

（2）种姜消毒。为防止病菌为害和蔓延，最好在催芽前对种姜进行消毒。方法是用固体高锰酸钾兑水200倍，浸种10~20分钟，或用40%甲醛100倍液浸种10分钟，取出晾干。

（3）加温催芽。生姜大棚种植必须提前催芽，在播种前25~30天开始催芽。此时温度尚低，为保生姜顺利出芽，可采用火炕或电热温床、电热毯催芽。催芽温度保持在25~30℃，待姜芽萌动时保持温度22~25℃，姜芽达1厘米左右时即可播种。

（三）重施基肥

大棚生姜生长期长、产量高，对肥料吸收量多，要加大基

肥施用量，并多施生物有机肥料。一般冬前每亩施充分腐熟鸡粪3~4米^3，随深翻地时施入。种植前开沟起垄，在沟底集中施用有机肥200千克+三元复合肥50千克，或用豆饼150千克+三元复合肥75千克，把肥料与土拌匀灌足底水即可栽植。为防止地下害虫，可施入硫磷颗粒剂2~3千克。

（四）适期播种，合理密植

华北地区塑料大棚覆盖栽培生姜，若在大棚膜上加盖草苫，播种期以3月上旬为宜，若不盖草苫，播种期以3月中下旬较为适宜。大棚种植生姜，播种时南北向按55~60厘米行距，开10厘米深播种沟，并浇足底水，水渗后按18~23厘米株距、姜芽向西摆放种姜，每亩栽植5 500~6 000株。播后覆土4~5厘米，并搂平耙细。

（五）田间管理

1. 温光管理

播种后出苗前要盖严大棚膜（升温）。白天棚内保持30℃左右，不通风，以利于姜苗出土。姜苗出土后，待苗与地膜接触时要打孔引出幼苗，以防灼伤幼苗。同时，温度白天保持在22~28℃，不能高于30℃，夜间不低于13℃。外界夜间温度高于15℃时要昼夜通风。光照的调节主要靠棚膜遮光，在撤膜前无须进行专门遮光处理，到5月下旬气温高时，可撤膜换上遮阳网，7月下旬撤除遮阳网。10月上旬随着外界温度降低，可再覆膜，进行延后栽培。盖棚膜后白天温度控制在25~30℃，夜间13~18℃。

2. 追肥

生姜生长期长，需肥量大，在施足基肥的同时，中后期需肥约占全生育期的80%。生姜在苗高13~16厘米时追施提苗肥，每亩一般用硫酸铵或三元复合肥10千克，兑清水浇施。7月上中旬是大棚生姜生长的转折时期，吸肥量迅速增加，这时可结合除草和培土进行第2次追肥，每亩施沼肥或腐熟猪栏粪

3~4吨，辅以腐熟细碎饼肥24~27千克、硫酸铵或三元复合肥15~20千克。8月上中旬，当生姜长至6~8个分枝时，每亩可施三元复合肥或硫酸铵20~25千克、硫酸钾10千克，以促使姜块迅速膨大，同时防止后期因缺肥而引起的茎叶早衰。如以收嫩姜为主，在施肥时可适当加大氮肥用量，以收老姜为主，则应控氮增磷，土壤缺锌、硼，追肥时应补施，以延缓叶片衰老。

3. 水分管理

幼苗前期以灌小水为主，保持地面湿润，一般以穴见干就灌水，幼苗后期根据天气情况适当灌水，保持地面见干见湿。7月下旬至8月正是生姜生长的最佳时期，如遇干旱，应增加灌水次数，但不可漫灌，灌水间隔期以7~10天为宜，梅雨季节少灌。灌水应在早上和傍晚进行，中午不能灌水。暴雨之后要及时排除地面积水。

4. 中耕除草培土

幼苗旺长期水肥条件好，杂草滋生力也强，若除草不及时，草与姜苗争肥、争水、争光，姜苗易出现生长不良。在除草和追肥的同时结合培土，一般培土3~4次。第1次在有3株幼苗时进行，盖土不能太厚，以免影响后出苗生长，每隔15天后依次进行第2、第3、第4次培土，培土时做到不使生姜根茎露出地面，把沟背上的土培在植株基部，变沟为垄，为根茎生长创造适宜的条件。

5. 扒老姜

在中后期中耕培土时，可根据市场行情在生姜旺长期扒出老姜出售，以提高经济效益。其具体方法是顺着播种的方向扒开土层，露出种姜，左手按住姜苗茎部，右手轻提种姜，使之与植株分离。注意不能摇动姜苗，取出种姜后要及时封土。弱小的姜苗不宜扒种姜，以免造成植株早衰。

（六）适时采收

生姜采收时间应根据市场价格确定。销售旺季一般在8月中旬至9月上旬。根据生姜的产量适时采收，种姜采收宜在初霜后。

第三节 大 蒜

一、露地栽培

（一）青蒜（蒜苗）栽培技术

（1）品种选择。为使蒜苗早熟丰产、供应期长，应选用早熟、蒜瓣小、用种量少、萌芽发根早、叶肥嫩、蜡粉较少、适宜密植的品种，如四月蒜、软叶子及成都的“云顶早”“二水早”等品种。

（2）整地施肥。大蒜根系浅，分布在表十层，吸收养分能力弱，应选疏松肥沃、土层深厚、保水保肥力强、排水性能良好的壤土栽培。深翻炕土后稍耙细整平，按2米开厢作畦，沟深20厘米。厢面施充分腐熟的人畜粪水1 000~1 500千克/亩，隔1天后耙平整细待播种。

（3）播种。为延长蒜苗上市时间，陆续供应市场，可利用冬季暖和的气候条件和早熟品种能早萌芽早发根的特点，排开播种，陆续收获，以延长蒜苗供应时间。利用早熟品种进行蒜苗栽培可提早到6月下旬后陆续播种，到10月上旬上市。若播种较早，气温较高，则蒜瓣必须进行低温处理，以促进蒜瓣早萌芽早发根，才能在栽培过程中实现早播、早发、早收，达到提高产量、增加效益的目的。

①早熟栽培蒜瓣处理。将蒜瓣包好放在井水中浸24小时后播种；或放在地窖中，保持15℃温度和一定湿度，在比较密闭的条件下，约10天大部分蒜瓣发根后即可播种；或将蒜瓣喷湿

后，放在冷藏库或冰箱的冷藏柜中 2～4℃低温处理 15～20 天，促进种瓣内酶的活动而及早出芽发根，然后再播种。

②种植密度。蒜苗栽培，植株不高，开展度不大，生长时间不长，只要具有鲜嫩肥厚的叶片、叶尖不黄便可陆续采收上市。因此，可适当密植，种植密度应根据播种时期和品种特性灵活掌握。一般 6 月下旬至 7 月下旬播种，约 60 天采收上市的早熟栽培，播种密度以 4～5 厘米栽一蒜瓣，每亩大概可栽 20 万株。根据蒜苗长势，匀苗上市。产量可达 1 500～2 000 千克/亩。8 月上旬至 8 月下旬下种栽培，种植密度 6～7 厘米见方栽植，70 天左右采收上市，单产量为 2 000 千克/亩左右。8 月下旬至 9 月上旬播种，80 天左右收获，单产量为 2 000 千克/亩左右。9 月上旬至 10 月上旬下种的，株距 8～10 厘米，12 月上旬陆续上市，产量可达 2 500 千克/亩左右。

各地可根据前后作茬口衔接及市场销售信息，灵活安排种植。播种深度以见种瓣尖为宜，过浅则根部吸水困难，发根后蒜瓣易被顶出土面而死苗；过深则出土缓慢，整齐度差，采收期延长，影响下茬种植。播种后，立即用腐熟的渣肥或带沙的沟土，或作物秸秆盖种，保持土壤一定的湿度，防止暴晒，降低土温，同时可弥补土壤养分不足，促进蒜苗生长。

（4）田间管理。大蒜是喜冷凉湿润的蔬菜，播种较早，气温较高，旱情较重。故播后应加强水肥管理，降低土温，保持土壤湿润，使蒜苗出苗快而整齐。幼嫩蒜苗出齐后，应淡施腐熟的人畜粪水，促进蒜苗生长；采收前 20～25 天，根据土壤干湿和蒜苗生长情况，追施腐熟人畜粪水要适当勤一点、淡一点，旱时追施次数多些，湿度大可少些，以有利于蒜苗生长为度。

（5）采收。青蒜栽培，一般蒜苗长到 20 厘米以上，叶肥厚嫩绿时可分期分批陆续选收，或隔株采收上市，每采收 1 次再追施淡水肥 1 次，促进余下蒜苗生长。

（二）蒜薹、蒜头栽培技术

（1）品种选择。根据播期及栽培目的，决定选用什么品种。南北各地大蒜品种较多，选用与本地区生态环境相似地区的适应性广、抗逆能力强、丰产稳产、品质好的品种作蒜薹、蒜头栽培比较可靠。

（2）种瓣处理。选用脱毒品种，挑选无病虫为害的大蒜瓣做种蒜。播种前先用清水洗涤种瓣，后用77%多宁可湿性粉剂拌种，每100千克种瓣用药粉150克兑水8千克拌种，或用3 000倍96%天达噁霉灵浸种20分钟，晾后播种。

（3）整地施肥。大蒜根系浅，分布在表土层，吸收养分能力弱，应选疏松肥沃、土层深厚、保水保肥力强、排水性能良好的壤土栽培。深翻炕土后稍耙细整平，按2米开厢作畦，沟深20厘米。厢面施充分腐熟的有机肥1 000千克/亩、复合肥50千克/亩，隔1~2天后耙细整平待播种。

（4）种植密度。蒜薹、蒜头单位面积产量是由种植数、薹重、蒜瓣重构成的，只有3个相关数量性状均好，才能获得高产。早熟品种植株较矮，叶片数较少，生长期较短，种植密度可适当增大，一般行距14~17厘米，株距7~8厘米，5万株/亩较为适宜。中、晚熟品种生育期较长，植株较高，开展度较大，叶片数较多，应适当稀植，一般行距16~18厘米，株距10厘米，4万株/亩左右，用种量约150千克/亩。

（5）田间管理。蒜薹、蒜头栽培生育期长，叶片多，经过花芽、鳞芽分化，花芽伸长鳞茎（蒜头）膨大成熟等生育时期。随大蒜植株生长发育，需肥量逐渐增多，若追肥不及时，蒜苗叶尖变黄，假茎纤细倒苗，影响蒜薹、蒜头产量。一般追肥3~4次，追肥以速效性肥料为主，适时适量追肥，促进生长发育。催芽肥，大蒜出苗后，施清淡的人畜粪水提苗，保证幼苗正常生长；蒜苗旺盛生长之前，即播种后60天左右，母瓣营养耗尽时，重施1次腐熟人畜粪肥1 000~1 500千克/亩、尿素

8 千克/亩、氯化钾 5 千克/亩，促进幼苗旺盛生长，茎粗叶肥厚而不黄尖；花芽、鳞芽分化，花茎伸长时，追施孕薹肥，施腐熟人畜粪 1 000~1 500 千克/亩，氮、钾肥 8 千克/亩，促进蒜苗生长及提早主蒜薹抽薹和分蒜薹伸长，蒜薹采收前，以追施钾肥为主，适量拌施腐熟人畜粪水，进行最后 1 次追肥，保证蒜薹采收后供蒜苗返青生长，促进蒜头膨大成熟，这次追肥不宜过多、过浓，否则会引起已形成的蒜瓣发芽，降低蒜头产量。一般蒜薹收后 20~25 天即可采收蒜头。

（6）采收。

①采收蒜薹。一般蒜薹抽出叶鞘，并开始甩弯时，是采收蒜薹的适宜时期。采收蒜薹早晚对蒜薹产量和品质有很大影响。采薹过早，产量不高，易折断，商品性差。采薹过晚，虽然可提高产量，但消耗过多养分，影响蒜头生长发育；而且蒜薹组织老化，纤维增多；尤其蒜薹基部组织老化，不堪食用。

采收蒜薹最好在晴天中午和午后进行，此时植株有些萎蔫，叶鞘与蒜薹容易分离，并且叶片有韧性，不易折断，可减少伤叶。若在雨天或雨后采收蒜薹，植株已充分吸水，蒜薹和叶片韧性差，极易折断。

采薹方法应根据具体情况来定。以采收蒜薹为主要目的，为获高产，可剖开或用针划开假茎，蒜薹产量高、品质优，但假茎剖开后，植株易枯死，蒜头产量低，且易散瓣。以收获蒜头为主要目的，采薹时应尽量保持假茎完好，促进蒜头生长。采薹时一般左手于倒 3~4 叶处捏伤假茎，右手抽出蒜薹。该方法虽使蒜薹产量稍低，但假茎受损伤轻，植株仍保持直立状态，利于蒜头膨大生长。

②采收蒜头。采收蒜薹后 18 天左右即可采收蒜头。适期采收蒜头的标志是：叶片大都干枯，上部叶片褪色成灰绿色，叶尖干枯下垂，假茎处于柔软状态，蒜头基本长成。采收过早，蒜头嫩而水分多，组织不充实，不饱满，贮藏后易干瘪；采收

过晚，蒜头容易散头，拔蒜时蒜瓣易散落，失去商品价值。采收蒜头时，硬地应用锨挖，软地直接用手拔出。起蒜后运到场上，后一排蒜叶搭在前一排头上，只晒秧，不晒头，防止蒜头灼伤或变绿。经常翻动 2~3 天后，茎叶干燥即可贮藏。

二、日光温室栽培

（一）栽培床的准备

小面积生产可用木箱或塑料育苗箱，在温室内搭成架子，立体栽培，以提高温室利用率。温室内大面积栽培最好铺一层厚 30 厘米的马粪等酿热物，也可用电热线进行土壤加温。较高的地温能使蒜苗生长整齐，增加产量。床土厚 30 厘米左右，床土内混施 1/3 腐熟的堆肥，耙细、整平，以增加土壤的保水能力。

（二）泡蒜与挖根

在栽植前把蒜种用 40℃左右温水浸泡 24 小时，每 100 千克水加硫酸铵 0.25~0.5 千克，浸泡后用手摸蒜皮发软，蒜瓣有些活动时就可捞出放在温室里。浸泡后 2~3 天，开始露出新根时，挖掉老茎盘，并抽出老蒜薹。这样有利于新根生长，使蒜苗生长整齐。

（三）栽蒜与踩蒜

把挖去老根的蒜头，一头挨一头地摆在栽植床的土壤上，要摆紧，蒜头之间的空隙用散蒜瓣塞满，栽时把大的蒜头用力向下按，小蒜头轻按，使蒜头上部平齐，每平方米需用蒜头 14~16.5 千克。

栽蒜结束后一般上覆厚 1 厘米左右细沙，然后浇水，但这种方式适宜小面积栽培。大面积栽培，栽后先浇水，但水量不能太多，最好浇温水，防止土温下降，发现蒜干时可喷水湿润。3~4 天后，为使新根与床土紧密接触，压上木板脚踩，踩至蒜

头平而整齐为止。踩蒜前要浇透水，然后上覆 1 厘米厚细沙。

（四）浇水与管理

覆沙 7~8 天后，蒜苗高 6~10 厘米时浇水，水要浇透，过 5~6 天后再浇 1 次透水，使土壤湿度保持在 70%左右，收割前 1~2 天还要浇 1 次透水，共浇水 4~6 次。整个生长期内保持土壤湿润。

由于蒜苗的生长主要是利用鳞茎内贮藏的营养物质，因此，只有在较高的温度和适宜的湿度条件下，蒜苗才能生长迅速。温室内的温度必须保持在 22~28℃，日夜温差不要变化太大，夜间温差不能低于 20℃，地温不低于 15℃。

蒜苗长到 30 厘米高时，如不及时收割就容易倒伏，为防止倒伏而使蒜苗继续生长，可每隔 15~20 厘米插一根竹竿，扶持蒜苗继续生长。

（五）收获

收获时间没有严格要求，可长到 50 厘米左右再收割。正常管理 20~25 天可割第一刀，然后松土、浇水。再过 18~22 天，可割第二刀。每千克干蒜能产蒜苗 1.2~1.5 千克，每平方米栽培床产蒜苗 15~25 千克。

第四节　洋　葱

一、露地栽培

（一）栽培季节

应根据当地的气候条件和栽培经验而定，一般以 9 月上中旬播种为宜。晚熟品种可适当推迟 4~5 天。

（二）品种选择

所用品种应根据气候环境条件与栽培习惯进行选择。我国洋葱的主要出口国是日本，出口洋葱采用的品种一般由外商直接提供，现在在日本市场深受欢迎的品种有金红叶、红叶三号、地球等。

（三）播种育苗

栽培地应选在地力较好、地势平坦、水资源较好的地区。

育苗畦宽 1.7 米，长 30 米，播种前每畦施腐熟农家肥 200 千克，用 30 毫升 50%辛硫磷乳油加 0.5 千克麸皮，拌匀后撒在农家肥上防治地下害虫。再翻地，将畦整平，踏实，灌足底水，水渗后播种，每亩大田需种子 120~150 克，播后覆土 1 厘米左右，然后加覆盖物遮阴保墒。苗齐后浇 1 次水，以后尽量少浇水。苗期可根据苗情适当追肥 1~2 次，并进行人工除草，定植前半个月适当控水，促进根系生长。

（四）定植

（1）整地施肥与作畦。整地时要深耕，耕翻的深度不应少于 20 厘米，地块要平整，便于灌溉而不积水，整地要精细。中等肥力田块（豆茬、玉米等旱茬较好）每亩施优质腐熟有机肥 2 吨、磷酸二铵或三元复合肥 40~50 千克作底肥。栽植方式宜采用平畦，一般畦宽 0.9~1.2 米（视地膜宽度而定），沟宽 0.4 米，便于操作。

（2）覆膜。覆膜可提高地温，增加产量，覆膜前灌水，水渗下后每亩喷施田补除草剂 150 毫升。覆膜后定植前按 16 厘米×16 厘米或 17 厘米×17 厘米株行距打孔。

（3）选苗。选择苗龄 50~60 天、直径 5~8 毫米、株高 20 厘米、有 3~4 片真叶的壮苗定植。苗径小于 5 毫米，易受冻害，苗径大于 9 毫米时易通过春化引发先期抽薹。同时将苗根剪短到 2 厘米长准备定植。

（4）定植。适宜定植期为霜降至立冬。定植时应先分级，先定植标准大苗，后定植小苗，定植深浅度要适宜，定植深度以不埋心叶、不倒苗为度，过深鳞茎易形成纺锤形，且产量低，

过浅又易倒伏，以埋住苗基部1～2厘米为宜。一般亩定植2.2万～2.6万株，栽后再灌足水，浇水以不倒苗、畦面不积水为好。水渗下后查苗补苗，保证苗全苗齐。

（五）定植后管理

1. 适时浇水

定植后的土壤相对湿度应保持在60%～80%，低于60%则需浇水。浇水追肥还应视苗情、地力而定，水肥管理应掌握"年前控，年后促"的原则，一般应"小水勤灌"。冬前管理简单，让其自然越冬。在土壤封冻前浇1次封冻水，翌年返青时及时浇返青水，促其早发。鳞茎膨大期浇水次数要增加，一般6～8天浇1次，地面保持见干见湿为准，便于鳞茎膨大。收获前8～10天停止浇水，有利于贮藏。

2. 巧追肥

关键肥生长期内除施足基肥外，还要进行追肥，以保证幼苗生长。

（1）返青期。随浇水追施速效氮肥，促苗早发，每亩追尿素15千克、硫酸钾20千克或追48%三元复合肥30千克。

（2）植株旺盛生长期。洋葱6叶1心时即进入旺盛生长期，此时需肥量较大，每亩施尿素20千克，加45%氮磷钾复合肥20千克，可以满足洋葱旺盛生长期对养分的需求。

（3）鳞茎膨大期。洋葱地上部分达9片叶时即进入鳞茎膨大期，植株不再增高，叶片同化物向鳞茎转移，鳞茎迅速膨大，此期又是一个需肥高峰，特别是对磷、钾肥的需求明显增加。实践证明，每亩施30千克45%氮磷钾复合肥，可保证鳞茎的正常膨大。

（六）采收

当田间大部分植株已倒伏，地上部分叶片开始枯黄时，表明鳞茎已成熟，即可采收。

二、日光温室栽培

（一）育苗

在育苗之前需要先准备好苗床，苗床里的土壤要保证肥力充足、深厚松软能力强，而且至少在两年之内没有种植相同科的作物，还有就是控制好育苗床的面积，然后进行整地深翻，深翻的深度需要控制在25~30厘米。

（二）施肥

底肥要以腐熟的农家肥和复合肥为主，然后深翻土壤，让肥料和土壤充分的混合在一起，提高肥料的利用率。

（三）定植

使用适量的除草剂，做好除草的工作。等到幼苗生长出4片叶子、植株生长到22厘米左右的时候就可以进行定植了。

第五节　韭　菜

一、露地栽培

（一）播种育苗

（1）播种期。韭菜是多年生蔬菜，可直播也可育苗移栽，并以育苗移栽居多。育苗时间一般在3月上旬至4月中旬或8月下旬至10月上旬播种。

（2）播种方法。采用基质穴盘育苗。每亩用种量1.0~1.3千克，30~40℃温水浸种8~12小时，清除杂质和瘪籽，将种子上的黏液洗净后用湿布包好，放在15~20℃的环境中催芽，每天用清水冲洗1~2次。经4~5天后，50%的种子露白尖时播种。选用50穴的穴盘，每穴播种10粒已发芽的种子，播后覆0.7~1.0厘米厚的基质，盖上2~3层遮阳网保湿，7~10天出

苗后改为一层遮阳网小拱棚，同时准备薄膜避雨。

（3）苗床管理。幼苗2~3片真叶时，可追1次提苗肥，以后苗期每20天左右追1次肥，还要排水防涝，保持畦面见干见湿。定植前一般不收割，以促进韭苗养根，到定植时要达到壮苗标准。壮苗标准：一般苗龄80~90天，苗高15厘米左右，真叶4~5片，单株无病虫，无倒伏现象。

（二）整地施肥

播前土壤深耕20厘米以下，结合施肥，耕后细耙，整平作畦，有条件的地方可起高垄栽培，以便于排水，也可以平畦栽培。结合整地，每亩撒施优质腐熟有机肥1 000千克、复合肥50千克。

（三）定植

苗高15厘米左右、具有4~5片叶时定植。一般以1.5米左右开厢，定植密度为行距25厘米、株距15厘米，每穴20株左右，进行沟栽，定植深度以露出叶片和叶鞘连接处为宜，栽后及时浇点根水，促成活。

（四）田间管理

定植后，当新根新叶出现时，即可追肥浇水，每亩随水追施尿素10~15千克，幼苗4叶期，要控水防徒长，并加强中耕、除草。当长到6叶期开始分蘖时，出现跳根现象（分蘖的根状茎在原根状茎的上部），这时可以进行盖沙、压土或扶垄培土，以免根系露出土面。当苗高20厘米时，停止追肥浇水，准备收割。开始收割后，每收割1次追1次肥，收割后株高长至10厘米时，结合培土，施速效氮肥，每亩追施尿素8千克。

（五）采收

定植当年着重“养根壮秧”不收割，如有韭菜花要及时摘除。当韭菜长到25厘米左右时，7叶1心为割韭标准。选晴天的早晨收割，第1次收割应留3厘米高的叶鞘，以后每次收割再高出 1~2 厘米。割得太低易损伤分生组织。收割 1 次必须追肥 1~2 次，每次亩施尿素 10 千克左右，施肥后浇水。追肥时间应在每次收割后 3~4 天，待伤口愈合、新叶出来后施入，切忌割后立即追肥浇水，以防引起病菌从伤口入侵。

二、日光温室栽培

(一) 播种时间

日光温室韭菜的播种时间一般都是选择在春季栽培，其目的就是为了能够赶在春节的时候上市，创造较好的经济效益。

(二) 中耕培土

一般培土 2~3 次最后培成 10 厘米左右的小垄即可，目的是避免韭菜根部裸露以及提高地温。

(三) 种植温度

韭菜种植的温度白天 17~23℃，最高不要超过 27℃。

第六节　葱姜蒜类蔬菜病虫害绿色防控

一、葱紫斑病防治方法

1. 重病地区和重病田应实行轮作

2. 选用抗病良种

播前种子消毒，40~45℃温水浸泡 1.5 小时，或用 40%福尔马林 300 倍液浸 3 小时，水洗后播种。

3. 加强水肥管理，注重田间卫生

4. 药剂防治

发病初期喷施 75%百菌清+70%硫菌灵（1∶1）1 000~1 500 倍液，或用 30%氧氯化铜+70%代森锰锌（1∶1，即混即

喷）1 000倍液，或用45%三唑酮福美双可湿粉1 000倍液，或用30%氧氯化铜+40%大富丹（1∶1，即混即喷）800倍液，或用3%农抗120水剂100~200倍液。隔7~15天1次，喷施2~3次或更多，交替使用，前密后疏。

二、大蒜叶枯病防治方法

1. 种子消毒

播种前，大蒜种子用50℃温水浸半小时或用0.5%代森铵、福美双拌种。

2. 土壤处理

可按1∶1比例将福美双与五氯硝基苯混合，每亩500~750克，兑400倍干土混匀，在翻地前，撒施土表。

3. 开沟排湿，深沟开畦

4. 增施农家肥，增施磷、钾肥

5. 药剂防治

发病初期，每亩大蒜可用200克70%代森锰锌进行喷雾，7~10天，再防1次；发病盛期，每亩可用50克50%扑海因可湿性粉剂1 500倍液或咪鲜胺进行防治，也可用百菌清、瑞锰锌等广谱性农药进行防治。

三、韭菜灰霉病防治方法

1. 种植抗病品种

2. 农业防治

施足腐熟有机肥，增施磷钾肥，提高作物抗病性；清除病残体，每次收割后要把病株清除出田外深埋或烧毁，减少病源。

3. 药剂防治

每次收割后及发病初期，喷洒绿盾牌4%农抗120瓜菜烟草型500~600倍液，或用50%腐霉利、50%乙烯菌核利1 000倍或50%多菌灵800倍液。

四、烟粉虱防治方法

1. 农业防治

温室或棚室内彻底杀虫，严密把关，选用无虫苗，防止将烟粉虱带入保护地内。结合农事操作，随时去除植株下部衰老叶片，并带出保护地外销毁。种植烟粉虱不喜食的蔬菜，如芹菜、蒜黄等较耐低温的蔬菜。

2. 物理防治

烟粉虱对黄色、橙黄色有强烈的趋性，可设置黄板诱杀成虫。

3. 生物防治

释放天敌，如丽蚜小蜂、中华草蛉、微小花蝽、东亚小花蝽等。

4. 化学防治

作物定植后，应定期检查，当虫口较高时要及时进行药剂防治。轮换使用如1.8%爱福丁2 000~3 000倍液、40%绿莱宝1 000倍液、6%绿浪（烟百素）1 000倍液、25%噻嗪酮1 000~1 500倍液、2.5%天王星1 000~1 500倍液或5%氟虫腈1 500倍液等药剂。

第七章　叶菜类蔬菜高质高效栽培与病虫害绿色防控

第一节　芹　菜

芹菜在我国栽培历史悠久，是人们喜食的一种香料菜。

一、露地栽培

（一）栽培季节

芹菜是要求冷凉的蔬菜，幼苗能耐较高温和较低温，以秋播为主，也可春季栽培。秋播 7 月上旬至 10 月上旬分期播种，9 月上旬至 11 月上旬定苗或定植。11 月下旬至翌年 3 月下旬收获。春播以 3 月为播种适期，过早容易抽薹，4 月定植，6 月收获。

（二）技术要点

1. 播种育苗

芹菜可直播，也可育苗移栽。芹菜种子极小，发芽慢。夏季育苗应先浸种 12~24 小时后，将种子放在冷凉处（吊于水井或放于冰箱内）催芽，3~4 天后有 80%的种子出芽后播种。苗床宜选择在阴凉的地方，搭棚遮阳或在瓜架下育苗。

2. 整地、施底肥

深耕炕土，施足基肥，每亩施腐熟的人畜粪水 1 500~2 000 千克；一般 1. 5 米开厢（包沟），深沟高厢栽培，厢高 20 厘米左右，耙细整平后即可定植。

3. 定植

当苗长到5~6片真叶时，选阴天或雨后土壤湿润时栽苗。若土壤干燥，必须在栽的前一天浇水灌窝，以防定植时伤根，最好带土移栽，及时浇定根水。草白芹、玻璃脆实心芹等品种适宜密植，一般以0.2~0.15米行株距，亩植约2万株；高犹他、文图拉等品种适当稀植，行株距0.3米×0.25米，亩植约1.5万株。

4. 田间管理

芹菜属浅根系，抗旱力弱，对水肥要求严格。定植后要小水勤浇，保持土壤湿润，促进成活。除施足底肥外，追肥应勤追淡施，不断供给速效性氮肥和适量的磷、钾肥，施用适量硼肥（亩施0.5~0.7千克硼酸），经常保持土壤湿润状态，促进生长。西芹植株高大粗壮，产量高，需肥量大，应加大底肥和追肥的施用量。一般冬芹在收获前15~20天用15~20毫克/千克的赤霉素或萘乙酸喷施植株，以提高产量和品质。

5. 采收

当心叶充分肥大、具10~12片肥厚叶片时即可采收上市，也可根据市场需求提前采收。

二、日光温室栽培

（一）育苗管理

1. 选地与整地

种植芹菜的土壤以碱性或者中性为佳，有机质含量高、通透性强，保水性能好。育苗前，应进行翻耕整地，并施加腐熟有机肥，同时适量加入氮磷钾复合肥。此外，还应根据实际情况补充钙、硼等中微量元素。

2. 处理种子

通常在播种前一周进行种子处理，需要将种子进行浸泡，48℃温水，保持恒温浸泡30分钟，期间要不停地搅动。浸泡后

将种子取出放到凉水之中，继续浸泡 24 小时，其间应多次搓洗，最后沥干水分，将种子用纱布包好，再利用湿毛巾盖在包好的种子上，将其放在温度为 16~25℃的环境中，进行催芽工作。3 天后种子便可出芽播种。

3. 播种方式

主要选择撒播和条播，播种时可在种子中掺入细沙土，与种子均匀混拌进行播种。同时，在播种前必须保证底水的充足，等底水全部渗透进行播种。

4. 苗期管理

播后苗前应用草帘或者遮阳网覆盖畦面，防止雨水冲刷和阳光直射。幼芽拱土时，视情况轻浇 1 次水。

（二）定植技术

芹菜根系入土不深，分布范围又小，因而耐旱力弱，所以在日光温室中栽培，要加强疏松土壤，对土壤进行深翻。在芹菜生长过程中对氮肥吸收量较大，多以其作为基肥，并在基肥播撒后再实施翻耙，保证肥料与土壤的充分混合。在此基础上起垄，垄距控制在 65~70 厘米，高度则以 12~15 厘米为宜。在定植前的 1~2 天，需要对苗床进行浇水，以此避免起苗时对根须造成的伤害。

（三）移栽后管理

日光温室栽培芹菜，定植后的管理主要集中在温度与水分两个方面。

1. 温度管理

根据芹菜生长需要，白天温度以 15~26℃为宜，夜间温度则控制在 8~10℃。白天日光温室内温度超过 26℃，则必须进行通风，以此调节温度，避免温度过高造成的不良影响。芹菜生长后期，可通过提高温度来增加产量，白天温度可控制在 21~26℃，当夜晚温度下降时应注重保温。

2. 水分管理

定植成活后，应该进行蹲苗，时间控制在1~2周，当心叶开始生长时，必须进行松土。蹲苗期结束后，根据垄面的干湿程度进行浇水，垄面不干不浇水，以此促进根系生长，为后期快速生长奠定基础。

第二节　莴　笋

莴笋，学名茎用莴苣，与生菜（叶用莴苣）同为莴苣属。

一、露地栽培

（一）冬莴笋栽培技术要点

（1）播种育苗。播种期温度较高，播种前必须进行种子处理，即先浸种3~4小时，然后将种子放在温凉处（如吊于水井或放于冰箱内）催芽，待80%种子出芽后（一般3~4天）播种。适当稀播，每亩苗床用种量0.5~0.7千克。

（2）整地、施底肥。深耕炕土，施足基肥，每亩施腐熟的人畜粪水1 000~1 500千克；一般1.6~2.0米开厢（包沟），种5~6行，深沟高厢栽培，厢高20厘米左右，耙细整平后即可定植。

（3）定植。选阴天或雨后土壤湿润时栽苗，若土壤干燥，必须在栽的前一天浇水灌窝，以防定植时伤根，最好带土移栽，及时浇定根水。株行距0.3~0.4米，亩植6 000~7 000株。

（4）田间管理。莴笋根系浅，吸收能力弱，不耐浓肥，对水肥要求严格。一般追水肥3次。第1次在栽植后两周，幼苗已成活，迅速生长时施用；第2次在莲座期施用；第3次在茎开始膨大时施用。在茎迅速膨大时，不宜过早施水肥，以免开裂。在冬莴笋收获前10~15天用赤霉素或萘乙酸15~20毫克/千克根外追肥，可促进生长，提高品质与产量。秋冬季雨水较多，田间湿度较大时，易发生病害，应及时喷药防治。

（5）采收。当莴笋嫩茎顶部与外叶等高（即“平顶”）时为成熟采收的适期，应及时采收，冬莴笋产量较其他季节栽培高，亩产3 000~3 500千克。

（二）春莴笋栽培技术要点

这季莴笋在冬季和早春生长，由于温度低、生长缓慢，要“莴半年”。而且在春后温暖长日照条件下，易抽薹不能长成肥大嫩茎，影响品质和产量。其丰产栽培技术关键如下。

（1）严格选择品种，防止未熟抽薹。春莴笋应选择晚熟不易抽薹的品种，如白甲、双尖、二白皮等。

（2）用矮壮素处理，防止未熟抽薹。一般在春莴笋茎开始膨大时，用100毫克/千克矮壮素喷施，可抑制抽薹。

（3）加强水肥管理，促进生长。春莴笋播种育苗时，温度低，幼苗生长慢，应施以腐熟淡人畜粪水催苗。在开春后，气温回升，植株生长迅速，应勤施肥，促进叶簇生长，可减缓抽薹。而且春莴笋易发生霜霉病害，应及时加以防治。

（三）秋莴笋（即早莴笋）栽培技术要点

这季从播种到收获都处于高温期，对植株生长不利，而且夏季温度高、日照长，容易未熟抽薹。因此其栽培关键如下。

（1）选择品种。秋莴笋应选择晚熟、耐高温及在长日照下不易抽薹的品种，如双尖、尖叶等。

（2）抗热育苗。夏季育苗必须在冷凉湿润处进行浸种、催芽（如吊在水井或放在冰箱内）；育苗地应选阴凉、湿润、灌溉方便之处，搭棚遮阳；育苗时应适当稀播，并经常施以清粪水，以促进生长，减缓抽薹。苗龄不宜过长，一般播种后20天即可定植。

（3）加强栽培管理。秋莴笋应选回润力强的潮沙、潮泥地，可与高秆作物间套作栽培，有条件者用遮阳网膜覆盖栽培最好。秋莴笋在干热环境下生长，容易带苦味，所以要加强水肥施用。定植后在清晨及傍晚勤浇施清粪水，以促进茎叶良好生长。

二、大棚春季早熟栽培

（一）育苗

春莴笋育苗期较长，80~90天。一般在10月中下旬阳畦或改良阳畦中播种育苗。播种前用25~30℃温水浸种15~20小时，捞出控去水分，用湿纱布包好放在20℃地方催芽。同时要准备好苗床，每平方米育苗畦可施腐熟过筛有机肥75~100千克，与土壤混匀，搂平浇足底水后播种，每平方米播籽3克左右。播种后覆土0.5厘米，当少量种子出土时，再覆土1次，厚2~3毫米，促壮苗和出齐苗。

当外界最低气温下降到4~5℃时，夜间需要覆盖薄膜保温。整个苗期的温度管理以15~20℃为宜。超过25℃时要及时放风换气，否则幼苗易徒长，影响培育壮苗。

播种后30~40天，当幼苗达3~5叶时分苗于改良阳畦中，行株距为8~9厘米。分苗时可先按8~9厘米行距开沟浇水，再放苗后埋土。分苗后，适当提温促缓苗。缓苗后白天20℃左右，夜间温度5~6℃即能安全越冬。定植前一周要浇水，起苗、囤苗待定植。

（二）定植

大棚春莴笋在2月上中旬定植。定植前提前20~30天扣棚烤地，每亩地施有机肥5 000千克和复合肥40千克，待土壤解冻后，翻地整平作畦，也可做成小高畦覆盖地膜。当棚内10厘米地温稳定在5℃时定植，行距30厘米，株距20厘米，栽后随即浇水。

（三）定植后管理

1. 温度管理

莴笋喜凉怕热，生长适温为11~18℃，茎生长初期以15℃

为宜。缓苗后，中午适当通风，棚内温度控制在22℃。茎部开始膨大至收获前，棚温控制在15～20℃，超过25℃茎易徒长，影响产量和品质。

2. 水肥管理

大棚莴笋易徒长，要严格注意浇水。浇定植水后，中耕2～3次，进行蹲苗。茎部开始膨大时，浇水追肥1次，每亩追硫酸铵20～25千克。此后应保持土壤湿润，适当控水，防止茎部开裂。但也不能控水过度，造成高温干旱，易使植株生长细弱、抽薹。

（四）收获

春大棚早熟春莴笋可在3月中下旬开始收获，供应春淡季市场。

第三节　菠　菜

一、露地栽培

（一）茬口安排

菠菜在日照较短和冷凉的环境条件有利于叶簇的生长，而不利于抽薹开花。菠菜栽培的主要茬口类型有：早春播种，春末收获，称春菠菜；夏播秋收，称秋菠菜；秋播翌春收获，称越冬菠菜；春末播种，遮阳网、防雨棚栽培，夏季收获，称夏菠菜。大多数地区菠菜的栽培以秋播为主。

（二）土壤的准备

播种前整地深25～30厘米，施基肥，作畦宽1.3～2.6米，也有播种后即施用充分腐熟粪肥，可保持土壤湿润和促进种子发芽。

（三）种子处理和播种

菠菜种子是胞果，其果皮的内层是木栓化的厚壁组织，通气和透水困难。为此，在早秋或夏播前，常先进行种子处理，将种子用凉水浸泡约12小时，放在4℃条件下处理24小时，然后在20~25℃条件下催芽，或将浸种后的种子放入冰箱冷藏室中，或吊在水井的水面上催芽，出芽后播种。菠菜多采用直播法，以撒播为主，也有条播和穴播的。在9—10月播种，气温逐渐降低，可不进行浸种催芽，每公顷播种量为50~75千克。在高温条件下栽培或进行多次采收的，可适当增加播种量。

(四) 施肥

菠菜发芽期和初期生长缓慢，应及时除草。秋菠菜前期气温高，追肥可结合灌溉进行，可用20%左右腐熟粪肥追肥；后期气温下降，浓度可增加至40%左右。越冬的菠菜应在春暖前施足肥料，在冬季日照减弱时应控制无机肥的用量，以免叶片积累过多的硝酸盐。分次采收的，应在采收后追肥。

(五) 采收

秋播菠菜播种后30天左右，株高20~25厘米可以采收。以后每隔20天左右采收1次，共采收2~3次，春播菠菜常1次采收完毕。

二、塑料大棚栽培

(一) 整地、施肥和播种

为了保证苗齐和越冬前长到一定大小的壮苗，整地要细，并要施足底肥。前茬作物收获后，清除残枝杂物，每亩施有机肥5 000千克以上，然后翻耕20厘米深，做成1.7米宽的畦，可在畦面撒施复合肥或碳酸氢铵25千克左右。一般在10月上中旬播种，使冬前单株叶片为8~10片。每亩播种量5千克，不宜播种过多，以免太密使菠菜生长细弱，而影响产量和质量。种子可行浸种催芽，种子露白时播种，也可用干籽直播。

播种时采用条播法，先按行距8~10厘米开深3~4厘米的

沟，然后沟内撒播。也可先漫撒后，用扫帚把沟扫平，使种子进入沟内，用土盖严，踩实，最后浇水。

（二）播种后管理

1. 水肥管理

播后要及时浇水，一般连续两水可齐苗。出苗后 7~10 天浇一水，苗期追肥 1~2 次，每次亩追碳酸氢铵 25 千克。11 月底至 12 月初，要在封冻前的夜冻日化时适时浇足冻水，并随水追施人粪尿 1 500 千克、碳酸氢铵 25 千克。翌年 2 月下旬，温度回升，菠菜心叶开始生长时浇返青水，并随水追肥。以后每 7~10 天浇一水，再追肥 2 次，每次亩追碳酸氢铵 25 千克。

2. 温度管理

棚膜要在 11 月小雪节前扣上，促进菠菜的冬前生长。若播种较晚，如 10 月上旬以后播种的应在播种后即时扣膜。浇冻水后要加强保温，可在中午进行放风排湿。越冬期也可进行多层覆盖，以促进菠菜提前生长和早上市。2 月中旬后，菠菜开始返青，要逐渐放风。收获前一周左右，进行昼夜大通风，促使叶片肥厚和叶色变绿，提高品质和产量。

（三）收获

大棚越冬菠菜一般 3 月中下旬收获，每亩可产 2 000~3 000 千克。

第四节　西蓝花

一、露地栽培

（一）适期播种

露地种西蓝花可用抗性强、耐高温、结球紧实而整齐的黑绿、东京绿等品种。长江中下游地区 3 月下旬至 4 月上旬在小拱棚里播种，亩用种15克左右，播种苗床7~8米²，播后盖1厘米厚过筛细土，每天早晚洒1次水。幼苗长有2~3叶分苗1次，苗长有5~6叶即可移栽。

（二）适龄定植

定植时选苗龄在25~30天，有5~6片真叶、茎粗壮，根系发达，无病虫壮苗定植，浇足定根水，第二天上午再浇1次活棵水。株行距为（40~45）厘米×50厘米，亩栽300株左右。

（三）水肥管理

定植的10天左右追尿素10千克作提苗肥，20天左右植株进入旺盛生长期，追复合肥20千克促长肥；现蕾后追尿素15千克作蕾肥。同时叶面喷施0.3%硼砂和0.05%~0.1%铜酸铵各两次。收侧花球，主花球收后追肥浇水促侧花球发育。

浇三水。一是浇足定根水；二是4~5天浇稀大粪1 000千克作绿苗水；三是促蕾水，主花球长到3~6厘米及时浇水，灌大半沟水，畦面湿润后排水，若遇阴雨天气，及时清沟，达到两停田干。

（四）采收

西蓝花采收适期短，必须适时采收。采收标准：花球充分长大，色泽翠绿，球面稍凹，花蕾紧密，花球坚实。采收过早，花球没充分长大产量低，反之则花球会黄化松散，品质低下。宜在早上露水干后采收。用小刀斜切花球基部带嫩花茎7厘米，侧花球带嫩花茎7~10厘米。西蓝花不耐贮运，采收后及时包装或销售，运输过程中要防震防压。

二、大棚栽培

（一）整畦定植

整畦前地盘延迟深耕晒白，在畦中央条施厩肥1 000千克、复合肥30千克作基肥，后翻耕耙细整平，做成畦宽带沟1.2~

1.3 米的畦。栽种两行，定植株距 0.4~0.5 米。

（二）水肥管理

西蓝花定植后，一般每隔 5~7 天浇水 1 次。发育旺期如干旱泥土保水力差，可每隔 3~4 天浇水 1 次。

（三）温湿度调控

在西蓝花进入发育旺期，应控制棚内温度在 20~25℃，高于 25℃应适当透风，以避免茎叶徒长，使花球变小。花球构成期气温应掌握在 15~20℃，高于 20℃则应透风。

第五节　生　菜

一、露地栽培

（一）播种前准备

生菜可分为结球生菜与散叶生菜。种植时，需要根据市场需求和当地气候环境选择种植品种。在选择种植品种后，要注意做好苗床的准备工作，要以保水保肥性好且肥沃的土壤为主，如果有条件，使用有机肥、硫酸铵等肥料进行自制，将其充分混合，然后再铺平耙细，倒入足够的底水，等到水下渗之后便可播种了。

（二）播种育苗

在播种时，要在种子内掺入适量的细沙土，使其撒播均匀，播种后也要注意覆盖一层细土，然后用地膜覆盖，增加土壤的保湿能力，每亩播种量应保持在 40 克左右。幼苗出土时，要及时将苗床上的地膜揭开，以免幼苗过度生长，苗床白天的温度要保持在 20℃左右，晚上应该保持在 12℃左右，同时还要做好通风换气工作，如果遇到强光，则要注意遮阳。

(三) 合理施肥

生菜生长对土壤的要求比较高，不但需要丰富的有机质，还需要土壤具有一定的保水保肥能力。生菜一般喜欢生长在微酸性的土壤上，所以土壤的 pH 值要保持在 6 左右，一般生菜每生产 1 000 千克时，对氮、磷、钾的需求比例在 2.5∶1.2∶4.5，如果是结球生菜，它的需求量会更大。在其生长期，应注意氮、磷、钾等肥料的合理配比，种植前应施足基肥，主要是腐熟的农家肥，施肥后深翻土壤，浇入充足的底水。

(四) 定植管理

在生菜种植的前一天，要注意将苗床浇透水，以确保土壤湿润，第二天起苗时，以带土移栽为主，避免根部受损。定植时，要先在畦面开沟，沟深保持在 5 厘米左右，然后施入适量的复合肥再浇水，在生菜的整个生长期，对水分的需求相对较大，因此，在定植后一周左右便要浇 1 次缓苗水，进行两次左右的中耕除草工作，然后再浇水 3 次左右，浇水时结合分期施入氮磷肥。

二、日光温室栽培

11 月后定植于日光温室的生菜以防低温危害为主，首先重施腐熟有机肥 5 000千克/亩及速效磷、钾肥作基肥；其次做成南北向小高垄进行地膜覆盖，加大栽植密度，每亩 5 000~6 000 株；最后，采用滴灌设施，保证供水均匀，加强追肥，分 2~3 次施入，以弥补低温生长不足。

第六节　叶菜类蔬菜病虫害绿色防控

一、莴苣霜霉病防治方法

1. 加强管理

合理密植，合理水肥，增强田间通风透光，开沟排水，降低田间湿度，提高植株抗病能力；收获后清除病残体，带出田外集中销毁；深翻土壤，加速病残体腐烂分解。

2. 茬口轮作

重发病地块提倡与禾本科作物2~3年轮作，以减少田间病菌来源。

3. 选用抗病品种

4. 药剂防治

在发病初期开始喷药，用药间隔期7~10天，连续喷药2~3次。药剂可选用40%乙膦铝可湿性粉剂200倍液；25%瑞毒霉500~600倍液；25%甲霜锰锌可湿性粉剂500~600倍液；80%喷克可湿性粉剂500~800倍液；75%百菌清可湿性粉剂700倍液；72%霜豚氰可湿性粉剂800倍液等。可与叶面施肥结合进行。

二、芹菜斑枯病防治方法

1. 加强管理

培育无病壮苗，增施有机底肥，注意氮、磷、钾肥合理搭配。发病初期适当控制浇水，保护地栽培注意增强通风，降低空气湿度。收获后彻底清除病株落叶。

2. 药剂防治

轻微发病时，奥力克速净按300~500倍液稀释喷施，5~7天用药1次；病情严重时，按300倍液稀释喷施，3天用药1

次，喷药次数视病情而定。

三、菠菜心腐病防治方法

1. 选用无病种子

用52℃温水浸种60分钟，适当加大播种量。

2. 加强栽培管理

每亩施用硼砂0.1~0.6千克，喷施天达2116，可提高抗病性。

3. 药剂防治

发病初期喷施70%甲基硫菌灵可湿性粉剂1 000倍液，或用75%百菌清1 000倍液、50%扑海因1 500倍液等，隔7天左右喷1次，连续防治2~3次，采收前7天停止用药。

四、美洲斑潜蝇防治方法

1. 加强检疫措施

一旦发现应及时封锁扑灭。

2. 农业防治

豆类与葱类间作、套种，具有吸引天敌、降低斑潜蝇为害的作用。用抗虫作物苦瓜套种感虫作物丝瓜和豆角可减轻虫害。还可挂粘虫卡，粘除成虫。定期清除有虫叶、有虫株并集中处理。

3. 药剂防治

防治应在化蛹高峰期后9~10天喷药，可选用20%氰戊菊酯1 200倍液、18%杀虫双600倍液等喷雾防治，隔7天左右喷1次，农药交替轮换。注意保护天敌，提倡选用生物杀虫剂。

第八章　根茎类蔬菜高质高效栽培与病虫害绿色防控

第一节　萝　卜

萝卜品种多，能在各种季节栽培，耐贮运，供应期长，产量高，不仅可熟食，还可生食，或加工成腌制品，是我国人民喜爱的重要蔬菜之一。

一、露地栽培

（一）土壤选择

萝卜适宜生长在疏松的沙壤土（长根型品种要求更严格），因此要选择土层深厚的中性或微酸性的沙壤土，最好是前作施肥多而消耗少的菜地（如种植瓜类、豆类和葱蒜类）。

（二）整地施肥

耕翻深度因品种而异，一般深耕25~35厘米。入土较深的长萝卜品种一定要深耕，入土较浅的品种可适当浅耕。每亩撒施腐熟有机肥2 500千克、过磷酸钙30千克、硼砂1千克、3%高效氯氰菊酯颗粒剂0.25千克，深耕细翻。长白萝卜以75厘米包一面沟开厢，圆白萝卜以100厘米包一面沟开厢。萝卜一般都进行直播，要求土地平整、土壤细碎，否则会使种子入土深浅不匀而影响出苗，并容易引起死苗，造成缺苗断垄。施肥是萝卜丰产的基础。

（三）播种

一般采用点播，按每厢2行，长萝卜退窝20~25厘米，圆萝卜窝距30~40厘米，把种子点播厢上，生活力强的种子每穴播1~2粒种，播种深度为1~1.5厘米，不宜过深。播后用铁耙轻搂细土覆盖种子，亩用种量90克左右。冬春萝卜播后覆盖地膜。

（四）田间管理

（1）匀苗。播后4~5天幼苗出土后，进行查苗补种。子叶展开时，进行第1次间苗，每穴留2株苗。出现第2至第3片真叶时，进行第2次间苗，每穴留1株苗。

（2）追肥。第1次追肥在播种后12天左右，出现2~3片真叶时，用清粪水+1千克硼砂/亩追施提苗肥，离根部2~3寸（1寸≈3.33厘米）处浇施。第2次追肥在第1次追肥后7天（即播种后19天），亩施尿素15千克、氯化钾5千克混合后，在离根部10厘米处浇施，肥水比例1：150。第3次追肥在第2次追肥后6天左右，亩施尿素6千克、氯化钾10千克混合后，在离根部10厘米处浇施，肥水比例1：150。

（五）采收

萝卜应根据市场行情及时采收，一般在肉质根充分膨大、肉质根的基部“已圆根”、叶色开始变为黄绿时及时采收。若采收过迟，会引起肉质根空心等现象。

二、日光温室栽培

1. 整地、施肥、作畦

温室栽培的萝卜宜选择土层深厚、排水良好、土质肥沃的沙壤土。整地要求深耕、晒土、细致、施肥均匀。目的是促进土壤中有效养分和有益微生物的增加，同时有利于蓄水保肥。一般每亩施腐熟有机肥4 000~5 000千克、磷酸二铵40千克，

进行30~40厘米深耕，耙细整平，然后按80厘米宽、30厘米深作高畦备用。

2. 播种

温室萝卜播期一般在11月下旬至12月上旬，选择籽粒饱满的种子在做好的畦面上双行播种，每穴2~3粒种子，覆土1厘米厚，按行距40厘米、株距25厘米在畦面上点播。

3. 苗期管理

萝卜出土后，子叶展平，幼苗即进行旺盛生长，应掌握及早间苗、适时定苗的原则，以保证苗齐、苗壮。第1次间苗在子叶展开时，3片真叶长出后即可定苗。

4. 田间管理

（1）水肥管理。萝卜定苗后破肚前浇1次小水，以促进根系发育；进入莲座期后，叶片迅速生长，肉质根逐渐膨大，应立刻浇水施肥，每亩冲施硫酸铵20~25千克。萝卜露肩后结合浇水，每亩冲施三元复合肥30~35千克，此时是根部迅速膨大期，应保持供水均匀，土壤湿度保持70%~80%。浇水要小水勤浇，防止一次浇水过大，地上部徒长。

（2）其他管理。温室萝卜浇水后要及时放风，能有效降低棚内湿度，防止病虫害发生。中耕松土宜先深后浅，全生育期3~4次，保持土壤通透性并能有效防止土壤板结。另外，生长初期需培土壅根，使其直立生长，以免产品弯曲，降低商品性。生长中后期要经常摘除老黄叶，以利于通风透光，同时加强放风，有条件情况下进行挖心处理。

当根部直径膨大至8~10厘米、长度在25~30厘米，萝卜根充分肥大后，即可采收。采收时萝卜叶留10~15厘米剪齐，既美观又增加商品性，分等级包装上市销售。

第二节　胡萝卜

胡萝卜，又称“五寸人参”。胡萝卜的肉质根富含糖、胡萝卜素及无机盐类，营养丰富，常食胡萝卜有益人体健康。

一、露地栽培

1. 选地、开厢、施肥

胡萝卜适于土层深厚、肥沃、富含有机质、排水良好的壤土或沙壤土，特别是河谷冲积土；黏重而排水不良的土壤易引起歧根、裂根，甚至烂根。土壤应适当深耕，保持一定的湿润（土壤湿度为60%~80%），然后锄细整平。

胡萝卜应采取深沟高厢栽培，厢面宽一般以1.6米开厢为宜。开好厢后施底肥，底肥以腐熟有机肥为主，占总施肥量的60%~70%。一般用腐熟有机肥1 000千克/亩、复合肥50千克/亩，撒施于厢面或沟施。

2. 适时播种

（1）播种期。胡萝卜适于在较冷凉的气候条件下生长，但苗期较耐旱和耐热，且生长期长，可以适当早播。农谚有“七大、八小、九丁丁”之说，因此，胡萝卜的播种期一般以7月下旬至8月为主。播种前，将种子上的刺毛搓去，风选后将种子放入清水中浸泡24小时，换水2~3次。然后晾干，拌以谷壳和细沙子播种。夏季播种要轻、浅、匀，覆土后要稍镇压，并盖上遮阳网或其他覆盖物保持土壤湿度，降低土温，以利出苗。

（2）密度。胡萝卜的栽培密度一般根据播种方式而定，采用撒播者，其行株距为8厘米×8厘米为宜；采用条播者，多以16厘米行株距开沟播种。

3. 间苗

胡萝卜喜光，充足的阳光有利于肉质根的形成。若光照不足，胡萝卜的叶柄变细长，叶色变淡，叶片变薄，光合作用大大减弱。因此，当幼苗出齐后，要及时间苗，除去过密的苗、劣苗和杂苗，防止幼苗拥挤。当幼苗出土2~3片毛叶时进行第

1 次间苗，5~6 片毛叶时定苗（8 厘米×8 厘米株行距），条播者定苗后退窝亦留 16 厘米，正方形留苗有利于胡萝卜的侧根都平衡发展。

4. 田间管理

（1）追肥。胡萝卜的生长期中，除施基肥外，还要追肥 1~2 次。在封行前施第 1 次追肥，施腐熟的人畜粪水 2 000~2 500 千克/亩或复合肥 25 千克；第 2 次 2 500~3 000 千克/亩或复合肥 30 千克。

（2）灌溉。胡萝卜虽然较耐旱，但在夏季干旱时，特别是肉质根膨大时，仍要适量浇水，才能丰产，否则供水不足会导致根瘦小而粗糙，供水不匀会引起肉质根开裂，生长后期应停止浇水。

（3）中耕除草培土。胡萝卜生长中期，应及时中耕除草，否则杂草丛生，争光抢肥，从而影响幼苗的生长。肉质根露出土面时，应浅中耕培细土，保护肉质根的表皮不受损。

5. 及时采收

胡萝卜肉质根的形成主要在生长后期，肉质根的颜色越深，营养越丰富，品质柔嫩，甜味增加。所以，胡萝卜宜在肉质根充分肥大成熟时收获。采收过早会影响产量和品质；采收过迟易引起肉质根木栓化或植株抽薹，影响品质。

二、塑料薄膜大棚栽培

1. 品种选择

大棚萝卜栽培一般选白玉春，该萝卜品种生长旺盛，叶片少，根膨大快，不易抽薹。根长圆筒形，根形美观，根皮光滑洁白，肉质清甜，口感好。单个重 1.2~1.8 千克，不易糠心，极少发生歧根、裂根。早熟，播种至初收只需 60 天，每亩产量 5 000 千克以上，抗性强，品质佳，商品性好，是反季节蔬菜栽培的理想品种之一。

2. 整地施肥

要求土层深厚，土质疏松，有机质含量高，排水良好，无污染。翻耕前每亩施充分腐熟的农家肥 2 000 千克以上，9 月中下旬至 10 月上旬翻耕后晒垡 2~3 天，每亩施三元复合肥 75 千克作基肥，再翻耕 1 次。畦面要耙细整平，畦宽 2 米。然后进行土壤消毒杀菌和地下害虫的防治。杀菌药剂选用 50%多菌灵 600 倍液或 70%甲基硫菌灵 800~1 000 倍液喷雾。

3. 分期播种

春节期间上市，播种期为 9 月中下旬；春节后上市，播种期为 10 月中下旬。播种前充分晒种，每亩播种量 0.15 千克。播种方式采用打穴点播，株行距 25 厘米×30 厘米，每亩密度为 8 000 穴。每穴播 2~3 粒种子，然后盖上腐熟土杂肥，浇足水。播后苗前每亩用 90%禾耐斯 50 毫克兑水 50 千克土壤处理以控制草害。

4. 田间管理

（1）定苗。播种后 4~6 天开始出苗，长出 2~3 片真叶后开始间苗。间苗后每穴定苗 1 株，每亩栽苗 8 000 株左右。

（2）扣棚及管理。白玉春萝卜在江淮之间较适宜的扣棚时间为 11 月中下旬。当日平均气温降至 10℃以下时开始覆膜。该品种较耐低温，扣棚后遇晴好天气，白天揭膜放风，遇冷空气或阴雨天，盖上薄膜。元旦前多放风，元旦后气温较低，应少放风或不放风，棚内温度保持在 10~20℃。

（3）水肥管理。棚内相对湿度保持 70%以下。在 6~8 叶期，追肥 1 次，每亩用尿素 15 千克兑水浇施。少量杂草可人工拔除。

第三节　芦　笋

一、露地栽培

（一）绿芦笋栽培技术

1. 育苗

每亩大田绿芦笋需成苗 1 800 株左右，需种子约 60 克。芦笋种皮厚，上面有一层蜡质，吸水困难。因此，播前必须浸种催芽以利出苗。种子充分吸水后，置于 28℃条件下催芽，2~3 天即可出芽。最好直接播于营养钵中，覆细土 2 厘米，上盖遮阳网（夏季）或地膜（春季）。温度控制在 20~25℃，10 天左右可出齐苗。苗期保持土壤湿润，并注意除草，定植前 7~10 天开始通风炼苗。苗龄 60 天左右即可，幼苗生长健壮，定植时不伤根，缓苗期短，成活率高。

2. 整地施肥

芦笋应选择阳光充足、地下水位低、排灌良好、土层深厚的壤土或沙壤土种植。避开前茬作物是百合科蔬菜、向日葵、甜菜、甘薯和果树的地块。

定植前深翻土地，按南北向挖宽、深均为 40 厘米，沟距 1. 3~1. 5 米的定植沟。挖沟时将 20 厘米厚的表土放在一侧，20 厘米厚的底土放在另一侧，沟内第 1 层每亩施优质农家肥 5 000 千克，并和表土拌匀回填 15 厘米厚左右，第 2 层用底层土拌化肥回填 15 厘米厚左右，用肥量为每亩施过磷酸钙 30 千克，复合肥 20 千克。然后覆土 2 厘米用脚踏实，以免栽苗时下沉，保留 8 厘米深以待定植。定植过浅易遭干旱，过深则易引起地下茎腐烂。

3. 定植

定植时按株距 25~30 厘米摆苗。每亩种植 1 600~1 800 株。

芦笋定植后，随着生长年限的增加，鳞芽盘发育扩大，并呈扇形向一个方向扩展。因此，定植时，应让鳞芽盘的伸展方向与定植沟的方向一致，以便使抽生的嫩茎集中着生在畦中央，便于培土和采收。苗放好后，先用少量细土轻轻踏实，使根与土壤密接。覆土后浇水，待水渗后再覆一层细土，填平定植沟。

4. 定植后的管理

（1）水肥管理。定植后因植株矮小，应及时中耕除草。如天气干旱，应适时浇水，雨季及时排涝，严防田间积水沤根死苗。秋季，芦笋进入旺盛生长阶段，应重施秋发肥，促进芦笋迅速生长。翌年及以后的采笋年，应重施春季的催芽肥和秋季采笋结束后的秋发肥。每次每亩施有机肥 2 000 千克以上，加复合肥 25 千克。在采笋期间，每隔 15~20 天追 1 次肥，每次每亩施复合肥 8~10 千克或相应的氯、磷、钾肥，防止偏施氮肥，氮肥过多会诱发茎枯病。施肥方法是在种植畦的两侧开沟施入。笋田四周开好排水沟，避免积水造成烂根和茎芽腐烂。生长期间经常中耕除草，保持土壤疏松。

（2）植株整理。定植翌年，芦笋植株可长到 1.5 米以上，为增强植株下部通风透光，可剪去顶部部分，控制植株高度在 1.2 米左右。同时顺畦垄方向，间隔 2 米立一竹竿，拉绳防止植株倒伏。对过于密集处，应适时疏枝，雌株上结的果也应及早摘除。夏季高温干旱期间，可在植株基部的土面上盖草，以利降温保墒。对于部分长势转衰的母茎，在 7 月底前剪除。另留健壮母茎，并剪除、烧毁病株、纤细枝、畸形枝、枯黄枝，以免病菌传播。

（3）留养母茎。留养母茎是栽培中的重要环节。一般每年有两个留养母茎的时期，一是早春出笋时可陆续选留粗壮新笋作母茎，1~2 年生植株每株选留 3~5 根，3 年生植株每株选留 5~7 根，4 年生可留 10 根，且要均匀分布，不要靠在一起。二是于当地初霜前 50~60 天，终止采笋，此时春留母茎开始枯

萎。故可将此后生长的所有年留养两次母茎，植株强健，根系发达，出土的嫩茎粗大，质量好。

5. 收获

绿芦笋采收期较长，嫩茎陆续抽生，陆续采收。采收标准为：嫩茎长20~25厘米，粗1.3~1.5厘米，色泽淡绿，有光泽，嫩茎头较粗，鳞叶包裹紧密。采收稍迟，嫩茎顶部伸长变细，鳞叶松散，品质下降。采收时用采笋刀将嫩茎齐地面处割下，用湿布擦净附着在嫩茎上的泥沙。然后以茎长、茎粗进行分级、捆把、装袋。绿芦笋露地栽培自定植后翌年开始采收，5~13年为盛产期，以后产量渐减，应及时做好植株更新准备。

（二）白芦笋栽培技术

1. 定植和培土

白芦笋宜稀植，一般定植行距1.5~1.8米，株距35~40厘米。每亩栽植1 000~1 300株，需种子35~40克。栽培白芦笋，在采收前10~15天开始培土。遇晴天将行间土壤耕耙1次，深5~6厘米，晒2~3天后粉碎土块。然后将行间土培至定植行上，共3次，每次培土的适宜时间是垄面出现裂纹，每次培土厚度约8厘米，不可太厚。培土的高度依采收幼茎的规格而定，如采收幼茎的长度需17厘米，培土的高度需22厘米。整个垄面做成扁平的半圆形，表面要拍光拍实。在北方冷凉地区，春季采收前期温度低，且易干旱，嫩茎生长缓慢，产量低，品质差。为了提高白芦笋产量及品质，可以用幅宽适宜的塑料薄膜覆盖在垄面上，两边用土封严。当20厘米地温超过20℃时揭去薄膜。

2. 采收

采收白芦笋要求在早晨和傍晚进行，以免见光变色。看到垄面有裂缝时，在裂缝处用手扒开表土，见到幼茎的头部后，再扒去一点土，直至看到幼茎的生长方向。然后将右手中的采笋刀向着幼茎基部所在的方位扎过去，将刀柄向下一撬，把幼茎撬出土。注意不可损伤地下茎和鳞芽。嫩茎放入筐中，盖潮湿黑布。每天早晚各收1次。收笋的同时，填平收割留下的笋洞。

3. 撤土

采收结束后选无雨天撤除培土，以防地下茎上移。撤土前开沟施肥，上盖撤下来的覆土。撤土后留高5厘米的低垄，使鳞芽盘上有15厘米高的覆土。撤土时将已出土的嫩茎全部割除，以免倒伏。

二、大棚栽培

（一）及时播种

苗床面积大小适宜，便于操作。整畦前，苗床施入腐熟有机肥60吨/公顷，并撒施5%辛硫磷颗粒30千克/公顷，以防治蝼蛄等地下害虫。播种前先灌足底水，按行株距10厘米划线，每立方米播种1粒，上覆过筛细土2~3厘米。也可选用10厘米×10厘米的营养钵育苗。根据栽培田面积需育苗床195~225米^2/公顷。

按照定植时间，提前60~80天播种育苗。冬季气温低，需要在温室中育苗，当气温稳定在15℃以上时即可露地育苗。一般选择春、秋季播种较好。根据移栽大棚面积，用种量为900~1 050克/公顷。

（二）苗床管理

苗床管理以温度、湿度为主。一般白天苗床温度保持在25~28℃，温度超过30℃时要及时通风降温，夜间最低温度保持在13~15℃。适时浇水，保持床土湿润。于第一枝幼茎展叶后，结合浇水每畦施尿素0.5千克。开展人工中耕除草，增强土壤透气性。当苗龄60~80天、苗高20~25厘米、单株地上茎3支以上时即可定植。

（三）水肥管理

为便于田间管理，建议推广使用水肥一体化、测土配方施

肥技术，省时省工，节本增效。定植后每行安装智能水肥一体化滴灌带，以便及时浇水施肥。

定植后3~5天浇缓苗水，后期根据苗情、土壤墒情和天气状况适时适量浇水。浇水宜采取“少量多次”原则，于晴天中午前后进行，浇水后注意通风散湿，防止病害发生。

幼苗定植后，适时追施提苗肥，促进幼苗快速抽生地上茎，一般追施尿素225千克/公顷。幼苗定植40~50天后追施两次发棵肥，一般追施芦笋专用硫酸钾复合水溶肥300千克/公顷。整个生长季节需补充施用菌肥2~3次，并增施适量的微量元素。采收期间，每隔30天追施尿素225千克/公顷。

(四) 中耕除草与培土

杂草不仅争夺养分和水分，还影响即将出土的笋芽。及时开展中耕除草，破除土壤板结，减少水分蒸发，改善土壤通透性。在芦笋生长旺盛期结合除草，将笋垄培高15厘米左右，并整成拱形。也可在芦笋行间覆盖黑色地膜，既可减少人工成本，又可有效防除杂草。

(五) 适时采收

当地上幼茎高25~30厘米时，用采笋刀沿地面采收，根据市场需求及时进行分级、包装、销售。采收期间，嫩茎的生长需要大量养分和水分，因而应适当追施芦笋专用水溶肥以补接肥力，同时做好人工清除田间杂草工作。

第四节　根茎类蔬菜病虫害绿色防控

一、萝卜褐腐病防治方法

1. 农业防治

重病地和非寄主作物进行3年以上轮作。高垄栽培，密度不宜过大，避开低洼易涝地。施用粪肥充分腐熟。合理用水，勿大水漫灌，雨后及时排水。发现病株及时拔除，随之用石灰消毒根穴。收获后彻底清除病残株，深翻灭菌。

2. 药剂拌种

用种子量 0.4%的可湿性粉剂 50%扑海因或 70%甲基硫菌灵或 50%利克菌拌种。

3. 药剂防治

发病初期用 50%乙烯菌核利或 50%扑海因或 5%井冈霉素 600~800 倍液，重点防治根茎和基部叶柄，5~7 天喷 1 次，连喷 2~3 次。

二、萝卜黑腐病防治方法

1. 农业防治

在无病地或无病株上采种。与非十字花科蔬菜进行 1~2 年轮作。及早防治害虫，避免虫咬伤口。

2. 种子消毒及药剂拌种

进行种子消毒，可在 50℃温水浸种 20 分钟，然后立即移入冷水中冷却，晾干后播种。或用 50%的福美双可湿性粉剂（按种子重量 0.4%）拌种，拌后即播。

3. 药剂防治

发病初期喷洒 47%的春雷霉素可湿性粉剂 800~1 000 倍液，或用 72%的农用硫酸链霉素可溶性粉剂 4 000 倍液。每隔 7~10 天喷 1 次，连喷 2~3 次。

第九章　薯芋类蔬菜高质高效栽培与病虫害绿色防控

第一节　马铃薯

一、露地栽培

（一）种薯选择及处理

应选择品种特征明显，形状、大小一致，无病虫害，无严重机械损伤，丰产稳产的块茎做种薯。未解除休眠的种薯，可用3克赤霉素兑100千克水浸泡10~20分钟，以打破休眠。已解除休眠的种薯可切块催芽播种。切块一般在20~25克，带1~2个芽眼。用大薯块播种，即选用重75克左右的块茎，用刀贴近芽眼纵切为两块，做种，可获得芽壮苗齐、早熟高产的效果，但会增大用种量和用种成本。催芽宜采用温床，选择向阳背风的地方作床，床内保持干燥和空气流通，温度控制在25℃左右。

（二）整地施肥

马铃薯生长需要15~18厘米的耕作深度和疏松的土壤。深耕可使土壤疏松，通气性好，并消灭杂草，提高土壤的蓄水、保肥能力，有利于根系的生长发育和薯块的膨大。深耕后应精细整地，使土壤颗粒大小合适，避免土表出现大土块。马铃薯一般应在水浇地垄播。垄的方向、间距应根据水渠、行距、地温等情况来设计。一般早熟、中早熟品种的行距为65厘米，晚熟品种为70厘米。若机械化耕作栽培，一般为85~90厘米。施足基肥有利于马铃薯根系充分发育和不断提供植株生长发育所需的养分。通常每亩2 000千克产量需要氮素10千克、磷素4千克、钾素23千克、钙素6千克、镁素2千克，沟施或穴施。

(三) 定植

种薯催芽后10天即可定植，定植时应深栽浅盖。定植密度一般为行距45厘米、株距25~30厘米。

(四) 田间管理

根据马铃薯各个生长时期根系、茎叶和块茎的生长特点，进行田间管理。

1. 出苗前的管理

春季栽培，出苗前要保持土壤疏松、透气，并保持适宜的土温，雨后要及时松土，以防土壤板结，并配合中耕除去杂草。出苗前10天如遇干旱须立即灌水。

2. 幼苗期的管理

幼苗期时间较短，出苗后应及时追肥浇水、中耕培土。苗出齐后要尽早除去弱苗和过多分枝，每窝选留3~4株健壮苗。早施追肥，每亩施用20%人畜粪水1 000千克，加尿素5千克。结合中耕除草进行培土，培土以堵住第一片单叶即可。

3. 发棵期的管理

发棵期的管理可分为前后两个时期。前期管理以浇水和中耕浅培土为主，促进植株发棵；后期管理则以控秧促薯为主，在见蕾后开花前植株即将封行，要深耕松土，特别是行(垄)间土层要深锄松透，并逐渐将土壤水分从70%降到60%。现蕾时可追施一次“催蛋肥”，每亩施用草木灰150千克、腐熟土杂肥1 000千克或硫酸钾10千克。开花前应及时摘除花蕾，减少养分消耗。

4. 结薯期的管理

管理重点是水分。土壤应保持湿润状态，但不能积水，遇

旱常浇水，遇雨及时排水。从收获前一个月起，还可用5%过磷酸钙+0.1%硫酸铜+硼酸混合液进行根外追肥。

5. 收获期的管理

从块茎形成到植株变黄这段时间可随时收获。收获越早，产量越低；收获越晚，产量越高。做种薯用的应适当早收，免受高温影响引起种性退化；做贮藏、加工、饲料用时应适当晚收；做商品薯还可视市场价格适时收获。收获前几天应停止浇水。

6. 秋季栽培

又叫“翻秋”，即用当年夏收薯做种薯进行栽培。种薯须用赤霉素液浸泡（方法同上）或削去部分皮层以打破休眠。一般在9月上旬（白露）播种，较高海拔山区应提早到8月下旬（处暑）播种。因秋季温度高，植株长得较小，应适当密植。幼苗一出土就要重施1次提苗肥，争取在10月中下旬达到茎粗叶大。现蕾时追第2次肥，以复合肥为主，利用秋凉气候促进块茎生长。一般在11月收获，做种薯用则宜在霜降前采收。

（五）采收

用作长期贮藏的商品薯、种薯和加工用原料，应在茎叶枯黄时达到生理成熟期进行采收；用作早熟蔬菜栽培，为了早上市则应按照商品成熟期采收，收获时间多依各地市场价格变化而定。通常先收种薯，后收商品薯，不同品种应分别收获，防止收获时相互混杂，特别是种薯，应绝对保持其纯度。收获前一周停止浇水，然后割秧，使薯皮老化，以利于收获和减少机械损伤。一般在晴天收获，以便于运输，雨天收获易导致薯块腐烂或影响贮藏。

二、塑料大棚栽培

（一）种薯选择与处理

（1）选用株型紧凑、抗逆性强、薯形整齐、商品形状好、产量高、品质优良的中早熟脱毒种薯。如克新2号、克新6号、陇薯7号、兴佳2号、冀张薯12号、希森3号、希森6号、LK99费乌瑞它等优良品种。脱毒种薯一定要选择经过认证的，坚决杜绝把商品薯当作种薯栽培。

（2）催芽。播前15天在较温暖的室内或大棚内（18~20℃），将切好的种块分为5~7层，层间覆2~3厘米厚的湿土或沙土（半湿半干，不可过湿，更不能有冻块），之后加盖农膜草苫或其他覆盖物保湿避光，温度保持15~25℃，低于10℃易烂种。

（二）播种

当前期工作准备好，在2月下旬就可以播种。播种深度15厘米左右，根据品种的生育期株距控制在27~33厘米，每亩保苗4 000~5 000株。

（三）田间管理

1. 苗期管理

播种后20天左右出苗，要及时放苗，让幼苗出土。放苗时间一般应在晴天9时左右和16时左右，阴天可全天放苗。

2. 现蕾期及结薯期管理

根据马铃薯的长势和土壤墒情及时浇水追肥。浇水不可大水漫灌，浇至垄高1/3~1/2为宜，防止积水，注意不能等到土壤过干再浇。

3. 棚温管理

温度升高后，观察大棚内温度，及时通风或遮阴。苗期大棚温度保持在30℃左右。在盛花期，当晚上气温稳定在12℃以上后，从棚两头向中间逐渐卷撤棚膜，3~5天后方可完全撤去棚膜，让植株适应外界环境。

4. 根外追肥

从苗期开始在叶面喷施0.1%~0.3%的硼砂或硫酸锌，或用0.5%的磷酸二氢钾水溶液进行叶面喷施，一般7~10天喷1

次，连喷 2~3 次。

（四）收获

块茎有一定大小时及早上市，结合采收，清除田间地膜，以免对土壤造成污染。

第二节 芋

一、露地栽培

（一）栽培季节和方式

芋的生长期较长，应适当早播，以延长生长期。由于芋不耐霜冻，故播种期应以出苗后不受霜冻为前提。芋的播种期一般为 3 月下旬至 4 月上旬。芋不宜连作，应有 2~3 年的轮作期。多采用等行距单行起垄栽培，即多子芋和多头芋的行距为 70~80 厘米，株距为 30~40 厘米，露地栽培密度为 3 000 株/亩，保护地早熟栽培密度为 4 000 株/亩。

（二）技术要点

1. 种芋的选择及育苗

在无病田中选着生在母芋中部、顶芽充实、粗壮饱满、形态完整、重 50 克左右的子芋做种芋。其余形态，如着生于母芋基部的长柄子芋，以及球茎顶端无鳞毛片（俗称“白头”），或顶芽已长出叶片（“露青”）的子芋均不宜做种。播种前应先将种芋晒 2~3 天，促进发芽，然后用温床或用薄膜覆盖作冷床催芽育苗。苗床保持 20~25℃的温度，床土稍浅，湿润即可，盖土不宜过厚。待芽长 3~5 厘米时除去覆盖物见光 2~3 天，苗高 15~18 厘米时即可定植。

2. 整地施肥

芋的栽培应选择土层深厚、富含有机质、保水保肥力强的壤土或黏壤土，以避风、潮湿、荫蔽的水田、低洼地为佳。深翻土壤，并耕平耙细。旱芋要求深沟高厢，不宜平畦栽培。结合整地重施底肥，旱芋每亩施拌有草木灰的堆沤肥 2 000 千克以上，水芋除可用堆沤肥、淤泥外，还可在栽植前半个月每亩下青草菜叶 2 000~2 500 千克作为底肥。

3. 定植

芋宜深栽，栽植深度在 17 厘米以上，并适当密植。一般采用宽行距窄株距栽植，行距 80 厘米，株距 30 厘米左右，每亩栽 3 000~5 000 株。水芋定植以水不淹没幼苗为宜。

4. 田间管理

芋生长期长，生物产量高，需大肥大水。栽植期间应结合中耕培土，多次追肥。旱芋在幼苗第一片叶展开后应及时进行第 1 次中耕培土施肥，随着植株生长发育及生长盛期，还可进行 2~3 次施肥培土，至最后培土成垄时重施追肥和钾肥。栽培期间前期稍干，应勤浇水，维持土壤湿润促根生长；中后期厢沟应保持一定积水；高温季节浇灌宜在早晚进行。

水芋在移栽成活后，应将田水放干，晒田至田土开始发生细裂，以促进根系生长，然后再灌浅水。到 7 月、8 月，水深灌至 10 厘米左右；处暑后浅水，白露后放水采收。在 5—7 月间酌施追肥 2~3 次，以促进植株生长；大暑时重施 1 次追肥，促进球茎膨大。

芋在主芽萌发后，有时会萌发侧芽，多余的侧芽消耗养分，应尽早摘除。多子芋的子芋顶芽易萌发出土成侧枝，应将其折倒叶簇，压入泥中。多头芋不必摘除侧芽。

5. 采收

芋叶枯黄，球茎成熟，提前延后采收均可。种芋须在充分成熟后采收。采收前几天割去地上部分，伤口愈合后采收，也可在田间露地越冬留种。

二、日光温室栽培

（一）播种育苗

可育苗移栽，也可直接播种。育苗移栽的方式：选择口感好的槟榔芋等品种，从上年无病地块中的健壮株上选母芋中部的子芋作种芋。每亩用种量根据品种、种芋大小和栽植密度而有不同，一般每亩用种 80~100 千克。

（二）定植

定植株距 35~40 厘米，单行种植行距 70 厘米，每亩种植密度为 3 000~3 500 株。芋头宜深栽，覆土深度自种芋上约 3 厘米，过浅则影响发根。

（三）田间管理

芋头喜湿，忌干旱。出苗前一般不浇水。前期维持土壤湿润即可，遇雨进行中耕。生长中期及球茎形成期需要充足的水分供应。高温季节灌水应在早晚进行，以防中午浇水伤根。

第三节　山　药

一、露地栽培

（一）栽培季节

山药以露地栽培为主。春种秋收，生长期长达 180 天以上。播种季节掌握在土温稳定在 10℃时种植，终霜后出土，适当早栽有利于提早发育，增加产量。南方地区 3 月栽植，北方 4 月上中旬栽植。山药前期生长缓慢，间套作应用普遍。

（二）繁殖方法

山药的栽培品种较多，应选择良种进行繁殖。繁殖材料可用珠芽和芦头。珠芽主要用来育苗，为翌年生产提供芦头；芦头用来生产山药，芦头多年连续使用容易引起退化，故2~3年需更新1次。

1. 珠芽（山药豆）繁殖

10月下旬山药茎叶萎黄时收摘珠芽，选大而圆无损伤、无病虫害的珠芽，放在屋内用干沙贮藏，冬季防止冻害；翌年春天气候转暖，作畦，在4月上中旬下种，行距18~24厘米，每10厘米隔种2~3粒，种植深度6~9厘米，种后浇水，过半个月左右，幼苗便可出土，当年秋季挖出，备作种栽，亦称栽子。

2. 芦头繁殖

秋季挖取山药时，选颈短、粗壮、无分杈和病虫害的山药，将上端有饱满芽的一节取下长17~20厘米作种（即芦头），4~5天使伤口愈合，再用沙贮存好。贮藏方法是，屋内先铺1层河沙，厚约15厘米，再平铺1层芦头，厚15厘米，再盖沙9~12厘米，依此1层沙、1层芦头，当堆至60~90厘米高时，盖层河沙，最后再盖层草即可过冬。但室温不可过高，一般5℃左右为好。待翌春化冻、晚上无霜时即可栽植。

（三）整地施肥

山药特别是长柱种对土壤要求比较严格，实行3年轮作。土层深厚、疏松肥沃的沙壤土或沙质土，有利于块茎生长，块茎产量高，品质好。山药块根入土很深，可在冬前深翻土地，按1米沟距，挖宽25~30厘米，深0.8~1.2米的深沟，进行冻土和晒土。翌春解冻时，把翻出的土与充分腐熟的有机肥掺匀，每亩用量5 000千克。再回填于沟内，每填土30厘米左右时，踩压1次。要拾净所有瓦砾杂物。回填完毕，做成宽60~80厘米的高畦。

（四）适期播种

20厘米土层地温稳定在10℃以上时即可播种（一般在4月20日左右）。先整地作畦，在畦两侧开挖10厘米深的播种沟，并在排种前可用50%三唑酮1 000倍液与50%多菌灵400倍液

混合浸种 5 分钟，捞出晾干，然后将种块按 15~20 厘米的株距顺播种沟方向排种，排种时应注意种块上端朝同一方向，这样出苗后株距均匀，通风透光。排好种后，上面覆盖 6~8 厘米厚的细土，然后用脚踏实。

挖沟栽培的，于畦面开宽 10~15 厘米、深 30~40 厘米的沟，施磷酸二铵每亩 6 千克，尿素每亩 3 千克，过磷酸钙每亩 5 千克作种肥，覆土 20~30 厘米，将山药栽子按株距 15~20 厘米顺垄向平放在沟中，覆土 8~10 厘米。珠芽繁殖时按 1.0 米宽的畦条播 2 行，行距 50 厘米，株距 8~10 厘米。打洞栽培把山药栽子顺沟走向横放在洞口上方，将芽对准洞口，以引导新生的块茎垂直下伸，生长粗细均匀。排放好一沟后，随即覆土起垄，垄宽 40 厘米，高 20 厘米。

（五）田间管理

1. 支架引蔓

植后需 30 天左右出苗，当苗高 30 厘米左右时要搭架、引蔓，架高以 2.0~2.5 米为宜。支架要插牢固，防止被大风吹倒。一般 1 个种茎出 1 个苗，如有多个苗，应于苗高 7~8 厘米时，选留 1 个健壮的蔓，其余的去除。多数不整枝，但除去基部 2~3 个侧枝，能集中养分，增加块茎产量。如不利用零余子，应尽早摘除，节约养分。利用零余子的，一般控制在每亩 100~150 千克。

2. 水肥管理

山药抗旱、怕涝，播前浇足底水，栽植后至茎叶生长期一般不需要浇水。第 1 次浇水时间一般在块茎生长初期，即 6 月底至 7 月初。块茎膨大期是需水高峰期，应保持土壤湿润。雨季忌积水，应提前疏通田间排水沟，及时排涝。在块茎膨大期结合浇水，每亩施氮磷钾复合肥 50 千克，整个生长盛期追肥 2~3 次。7 月上旬茎叶生长过旺时，用多效唑每亩 30~40 克进行化控。收获前 30~40 天，补喷 2~3 次叶面肥，可促使叶枝繁茂，减少病害，以防早衰。

3. 中耕除草

山药发芽期遇雨，土壤板结，应及时中耕松土，杂草发生时要进行中耕除草。中耕宜浅，避免损伤山药块茎和根系。直到茎蔓已上半架为止，以后拔除杂草。

（六）收获

山药采收一般在霜降前后，地上茎叶经初霜枯萎后开始，直到土地封冻，也可在翌年春天土壤解冻后收刨，随时上市供应。

收获时，先清除支架和茎蔓，在山药沟的一侧挖深坑，用铲铲断侧根和贴地层的根系，把整个块茎取出。打洞栽培采收时用铁锹把培土的垄挖去，露出山药栽子，清除洞口上面的土，注意不要让土进洞内，用手轻轻把山药从洞内取出，然后把洞口封好，以备翌年再用。挖掘时应保持块茎的完整性。收获零余子，需提前 1 个月。

二、日光温室栽培

（一）整枝打杈

切块繁殖的，如一个山药种能萌发数个芽，宜选留强壮芽 1~2 个，其余尽早除去，以免消耗养分。侧枝发生过多的植株，应摘去基部侧蔓，保留上部侧蔓，减少养分消耗，有利通风透光。零余子大量形成后，应及时摘除，以免影响地下块茎生长。

（二）立支架

苗高 30 厘米左右时搭“人”字形架或“篱式”架，引蔓上架，也可直接插架。架高以 1.2~1.5 米为宜。

（三）中耕除草

仅在早期结合追肥浇水进行，中耕宜浅，植株近处的草要用手拔掉，以免损伤根系。

第四节　薯芋类蔬菜病虫害绿色防控

一、马铃薯晚疫病防治方法

1. 选用抗病品种

2. 加强栽培管理

于苗期、封垄期分别及时培土，减少病菌侵染薯块的机会；控制氮肥施用量，增施磷、钾肥，增强植株抗病能力；在雨后及时清沟排渍、降低田间湿度；发现病株应立即拔除深埋。

3. 药剂防治

在发病前进行喷药防治效果比较好，第 1 次应在马铃薯封垄之前，以后每隔 2~3 周喷 1 次。发病后，每隔 5~7 天喷药 1 次，连喷 2~3 次。药剂可选 86.2%氧化亚铜（铜大师）1 000 倍液、72%霜脲氰或克霜氰或霜霸可湿性粉剂 700 倍液或 69%安克·锰锌可湿性粉剂 900~1 000 倍液、90%三乙膦酸铝可湿性粉剂 400 倍液、38%噁霜菌酯或 64%噁霜灵可湿性粉剂 500 倍液、60%琥·乙膦铝可湿性粉剂 500 倍液、50%甲霜铜可湿性粉剂 700~800 倍液等。

二、马铃薯早疫病防治方法

1. 农业防治

选择疏松肥沃的沙壤土或壤土种植马铃薯，要求旱能灌，涝能排。结合冬耕或春耕整地，多施腐熟优质有机肥做基肥。播种时还要施氮、磷、钾复合肥做种肥（但不宜施用氯化钾）。马铃薯开花现蕾时，喷施 0.1%磷酸二氢钾。重病地与非茄科蔬菜实行轮作。

2. 药剂防治

发病初期，选用 75%百菌清可湿性粉剂 600 倍液，或用

64%噁霜灵可湿性粉剂 500 倍液，或用 70%代森锰锌可湿性粉剂 500 倍液，或用 50%普海因可湿性粉剂 1 000 倍液，或用 77%可杀得可湿性微粒剂 500 倍液，或用 1∶1∶200 波尔多液等喷雾防治。7~10 天喷 1 次，连续喷 2~3 次。

三、芋疫病防治方法

1. 农业防治

在无病区采种；收获后清除在地上的病株残体，集中烧毁；加强田间管理，合理施肥，增施磷、钾肥。

2. 药剂防治

50%多菌灵可湿性粉剂 600~800 倍液；64%噁霜灵可湿性粉剂 500 倍液；25%甲霜灵可湿性粉剂 800~1 000 倍液；78%科博可湿性粉剂 500~600 倍液，每 10 天喷洒 1 次，共 2~3 次。

四、马铃薯块茎蛾防治方法

1. 农业防治

认真执行检疫制度，不从有虫区调进马铃薯。避免马铃薯和烟草相邻种植，可压低或减免为害。在田间勿让薯块露出表土，以免被成虫产卵。

2. 药剂处理种薯

对有虫的种薯，用二硫化碳熏蒸，也可用 90%晶体敌百虫或 25%喹硫磷乳油 1 000 倍液喷种薯，晾干后再贮存。

3. 药剂防治

在成虫盛发期可喷洒 10%赛波凯乳油 2 000 倍液或 0.12%天力 E 号可湿性粉剂 1 000~1 500 倍液。

五、芋单线天蛾防治方法

1. 农业防治

及时冬季深翻，摘除卵块及“窗纱状”的被害叶，清除

杂草。

2. 生物防治

在成虫发生期，用糖醋液、黑光灯诱杀成虫。

3. 药剂防治

幼虫3龄前为点片发生阶段，可结合田间管理，进行挑治，不必全田喷药。4龄后夜出活动，施药应在傍晚前后进行。药剂可选用灭杀毙4 000~5 000倍液；3.2%甲氨阿维·氯微乳剂2 000倍液等，7天1次，连用2~3次。

主要参考文献

陈勇，徐文华，白爱红，2017. 无公害蔬菜栽培与病虫害防治新技术［M］. 北京：中国农业科学技术出版社.
崔兰舫，张桂凡，2021. 蔬菜生产［M］. 北京：中国农业大学出版社.